Elektrophysiologie menschlicher Muskeln

Von

Dr. med. H. Piper

a. o. Professor der Physiologie, Abteilungsvorsteher am
Physiologischen Institut der Kgl. Friedrich-Wilhelms-Universität zu Berlin.

Mit 65 Abbildungen

Springer-Verlag Berlin Heidelberg GmbH
1912

ISBN 978-3-642-50634-5 ISBN 978-3-642-50944-5 (eBook)
DOI 10.1007/978-3-642-50944-5

Ursprünglich erschienen bei Julius Springer in Berlin 1912

Vorwort.

In dieser Monographie soll eine Reihe von Untersuchungen zusammenfassend dargestellt werden, die im Laufe der letzten vier Jahre über die natürlich innervierten Muskelkontraktionen und über die elektrischen Vorgänge im Muskel veröffentlicht worden sind. Es wird ganz überwiegend über meine eigenen Arbeiten und über diejenigen berichtet, die im unmittelbaren Anschluß an meine Untersuchungen und unter meiner Leitung im Berliner physiologischen Institut entstanden sind; die Beziehungen zu den einschlägigen Arbeiten anderer sind durch kürzere Hinweise hergestellt. Die an menschlichen Muskeln erhobenen Befunde stehen überall im Vordergrund des Interesses, und die Tierversuche sind nur so weit berücksichtigt, als sich daraus wichtige Beziehungen zu den Beobachtungen am Menschen ergeben und dadurch auch unser Wissen von den Kontraktionsvorgängen beim Menschen und deren Innervation eine wesentliche Erweiterung erfährt. Die beiden ersten Kapitel sollen den Lesern, welche nicht, wie der Fachphysiologe, die Ergebnisse und die Technik der Elektrophysiologie übersehen, diese Grundlagen vergegenwärtigen und das Verständnis des weiterhin Darzulegenden erleichtern. Ich möchte glauben, daß diese Untersuchungen, welche zur Auffindung einer Reihe zahlenmäßig ausdrückbarer Eigentümlichkeiten der Funktion menschlicher Muskeln und ihres motorischen Innervationsapparates geführt haben, sich fruchtbar erweisen müßten für die klinische Untersuchung und die Pathologie dieser Organsysteme.

Berlin, im Dezember 1911.

H. Piper.

Inhaltsverzeichnis.

I. Grundlagen.

Die Bemühungen, die natürliche Innervation der Muskelkontraktionen und die zeitlichen Verhältnisse des Kontraktionsvorganges in der Muskelsubstanz aufzuklären, haben in letzter Zeit einige Erfolge aufzuweisen, nachdem der Fortschritt auf diesem Gebiet lange Zeit gestockt hat. Die Schwierigkeiten in der Erforschung dieser Probleme lagen darin, daß es sich darum handelte, sehr schnell ablaufende und in großer Frequenz oszillierende Prozesse zu verfolgen; dazu aber waren die bis vor kurzem zu Gebote stehenden methodischen Hilfsmittel unzulänglich.

Man ging mit Recht von der Überzeugung aus, daß die natürlich innervierten Muskelkontraktionen in ähnlicher Weise bewirkt werden, wie der Tetanus eines Nervmuskelpräparats, das durch die Stromstöße eines Induktoriums vom Nerven aus gereizt wird. Wenn man also annahm, daß die natürliche Kontraktion durch frequente Innervationsimpulse hervorgerufen wird, und auf gleich frequenten oszillatorischen Vorgängen in der Muskelsubstanz beruht, so war die Aufgabe, diese Schwingungen nachzuweisen und ihre Frequenz festzustellen. Man versuchte zunächst, durch mechanische Analyse der Gestaltveränderung des Muskels voranzukommen, aber diese Methode führte nicht weit. Wenn wir auch wissen, daß scheinbar ganz stetige Kontraktionszustände in den quergestreiften Skelettmuskeln auf oszillatorischen Vorgängen in der Muskelsubstanz beruhen, so gelingt es doch nicht, durch mechanische Untersuchungsmethoden, etwa durch Abhorchen des Muskeltones oder durch Resonanzmethoden, mit befriedigender Sicherheit und Vollständigkeit Rhythmus und Frequenz der Schwingungen festzustellen.

Noch weitgehender versagt die chemische Methodik bei der Inangriffnahme dieses Problems ihren Dienst. Es handelt sich hier, um in der Redeweise der physikalischen Chemie zu sprechen, um schnell umkehrbare Kreisprozesse in der Muskelsubstanz. Nun vermag bis jetzt die chemische Methodik so schnell ablaufende und so frequent oszillierende substanzielle Veränderungen durchgehends nicht in ihrem Verlauf zu verfolgen. In der Regel gelingt es nur, bei chemischen Reaktionen den Anfangs- und Endzustand anzugeben, die zeitlichen Verhältnisse aber des dazwischen liegenden Vorganges bleiben verschlossen. Nur einige relativ langsam ablaufende Reaktionen, die nicht bis zum Verschwinden der miteinander reagierenden Körper fortschreiten, sondern einem echten Gleichgewicht zustreben und dabei stehen bleiben, sind hinsichtlich der Geschwindigkeit ihres Verlaufes verfolgt worden und in den einfachen Gesetzen der Massenwirkung und Reaktionskinetik zusammengefaßt worden. Die Methoden zur Analyse des Zeitfaktors in den schnell ablaufenden Reaktionen sind aber bisher so gut wie gar nicht ausgebildet. Dazu kommt, daß im vorliegenden Falle unbekannt ist, um welches chemische Substrat es sich bei dem in Frage stehenden Prozesse handelt und daß ebensowenig bekannt ist, welche chemische Veränderung bei dem Kontraktionsvorgang in der Muskelsubstanz im wesentlichen abläuft. Unter diesen Umständen kann natürlich auch nicht ein zeitlicher Ablauf des sonst unbekannten Prozesses nach chemischer Methodik verfolgt werden.

Man könnte versuchen, durch thermische Analyse weiter zu kommen, und zusehen, ob etwa frequente Temperaturschwankungen in der Muskelsubstanz während der Kontraktion nachzuweisen sind. Wenn der Kontraktionsprozeß oszillatorischer Natur ist, so muß ja auch die Wärmebildung an jedem in Tätigkeit befindlichen Punkt der Muskelsubstanz oszillatorisch stattfinden. Indessen, es liegt in der Natur der thermischen Energieform, daß ein solcher Nachweis bis jetzt wenig aussichtsvoll erscheint. Wir können die Wärmebildung nicht an den Punkten der Muskelsubstanz verfolgen, wo sie stattfindet. Die Wärme ist eine Energieform, die in molekularen Schwingungen besteht, im Muskel von Punkt zu Punkt weiter geleitet wird und nach demselben Modus auf das zur Messung dienende Thermometergefäß oder Thermoelement übergeht. Die Geschwindigkeit der von Molekül zu Molekül fortschreitenden Wärmeleitung ist im Verhältnis zur Geschwindigkeit der muskulären Zustandsoszillationen relativ gering und steht, weil auf molekularer Basis beruhend, weit hinter der Fortpflanzungsgeschwindigkeit der Elektrizität und der strahlenden Energie zurück. Wenn wir ideal schnell reagierende thermometrische Meßinstrumente besäßen, würden wir doch schwerlich ein getreues Bild von den Oszillationen der Wärmebildung in der eigentlich tätigen Muskelsubstanz bekommen können, einmal weil die Wärmeleitung und Übertragung auf das Thermometer im Verhältnis zur Geschwindigkeit, mit der die Wärmebildung an jedem Punkt des tätigen Muskels oszilliert, zu langsam erfolgt, dann aber auch, weil man nur das über beträchtliche Substanzgebiete genommene Wärmeintegral, nicht aber die Differentiale an den Punkten des Energieumsatzes erhalten könnte.

Viel erfolgreicher haben sich die Untersuchungen gestaltet, in denen die in den Muskeln gebildete elektrische Energie für die Analyse des Kontraktionsvorganges benutzt wurde. Als Begleiterscheinung der funktionellen Prozesse beobachten wir bekanntlich in der Muskelsubstanz elektromotorische Kräfte. Die elektrische Energie nun wird äußerst schnell weiter geleitet; wenn an irgend einem Punkt in der Muskelsubstanz ein elektrisches Potential sich bildet, so macht sich dies sofort an einer aufgesetzten Ableitungselektrode dadurch geltend, daß im Vergleich zu einer zweiten an anderem Orte lokalisierten Elektrode eine Potentialdifferenz auftritt. Werden nun solche Potentiale häufig gebildet und zum Verschwinden gebracht, oder wechseln sie oszillatorisch ihr Vorzeichen, so macht sich dank der Geschwindigkeit der Elektrizitätsleitung alles dies in gleicher Weise in einem Ableitungsstromkreis geltend. Da wir außerdem elektrische Meßinstrumente besitzen, die sehr frequent oszillierenden Strömen hinlänglich exakt zu folgen vermögen und sie zu registrieren gestatten, so sind offenbar die im Muskel entstehenden „Aktionsströme“ in exquisiter Weise als Mittel geeignet, durch das wir die zeitlichen Verhältnisse der muskulären Prozesse bis in weitgehende Details hinein verfolgen können.

Die Grundlage unseres Wissens auf diesem Gebiet bilden die von Bernstein[1]) aufgefundenen und namentlich von Her-

[1]) Bernstein, Monatsbericht der Berliner Akad. der Wissensch. 1867. Untersuchungen über den Erregungsvorgang im Nerven- und Muskelsystem, Heidelberg 1871.

mann[1]) unter einheitliche Gesichtspunkte geordneten Feststellungen über diejenige Form der Aktionsströme, die am Muskel oder Nerv bei einmaliger Zustandsänderung, d. h. bei Erregung durch einen einzigen kurzdauernden Reiz beobachtet werden. Über den Nerv läuft dabei eine Erregungswelle vom Punkt der Reizung ausgehend über die ganze Länge des Organs hin ab und ähnlich läuft über den Muskel eine Kontraktionswelle, die bei mechanischer Analyse als kurzdauernde Änderung der Längen- und Dickendimension, als sogenannte Einzelzuckung zur Geltung kommt. Auf diese Erscheinung ist nun der zuerst von Hermann als allgemein gültig ausgesprochene Satz anzuwenden, daß Aktionsströme nur bei Tätigkeit der Organe auftreten und daß sich immer funktionell tätige Organteile elektronegativ zu ruhenden verhalten, wobei die Richtung des Stromes ins Auge gefaßt ist, welcher von zwei Punkten des Organs durch Elektroden abgeleitet im äußeren Kreis fließt und am Galvanometer beobachtet wird.

Es ist, wie gesagt, bekannt, daß bei Reizung eines Muskels an einem Ende von hier aus eine Verdickungs- oder Kontraktionswelle bis zum anderen Ende mit einer gewissen Geschwindigkeit abläuft, und zwar derart, daß sie in jedem gegebenen Zeitteilchen ihres Bestehens nur eine kurze Zone im ganzen Längenbereich des Muskels innehat (Abb. 1). Mit dieser Kontraktionswelle läuft, immer mit der Zone funktionell tätiger Muskelsubstanz verbunden, eine Elektronegativitätswelle über den Muskel hin, d. h. immer der Teil im ganzen Längenbereich des Muskels, an dem sich die Kontraktionswelle in jedem gegebenen Zeitteilchen gerade befindet, ist elektronegativ zu allen anderen. Leitet man also von zwei Punkten der Muskeloberfläche etwa nahe am oberen und unteren Muskelende zum Galvanometer ab, so durchläuft die Kontraktionswelle zuerst den Muskelquerschnitt, der der oberen Ableitungselektrode zugeordnet ist; jetzt ist hier also ein negatives Potential, an der anderen Elektrode aber ein positives, und durch das Galvanometer fließt ein Strom, der von der unteren Ableitungsstelle kommt und zur oberen hinfließt. Kurze Zeit später ist dann die Kontraktionswelle bis zu dem Muskelquerschnitt weiter gelaufen, dem die untere Elektrode anliegt. Jetzt ist also hier

[1]) Hermann, Archiv f. d. gesamte Physiologie, XVI, S. 235, 1877. Hermanns Handbuch der Physiologie, I, S. 212ff.

das negative und an der oberen Elektrode das positive Potential, denn jetzt ist unten die Muskelsubstanz funktionell tätig, oben aber bereits wieder in Ruhe. Durch das Galvanometer fließt jetzt ein Strom, der, verglichen mit dem zuerst beobachteten, umgekehrte Richtung hat, und dieser verschwindet, wenn die Kontraktionswelle an der unteren Elektrode die „Ableitungsstrecke“ verlassen hat. Wenn man den Aktionsstrom, der als elektrische Begleiterscheinung des ganzen Ablaufs einer Kontraktionswelle auftritt, vollständig übersieht, so bietet sich das Bild zweier aufeinander folgender, kurzdauernder Stromschwankungen, die entgegengesetzte Richtung haben. Das ist eine sogenannte doppelphasische Stromwelle. Die erste Halbwelle oder Phase

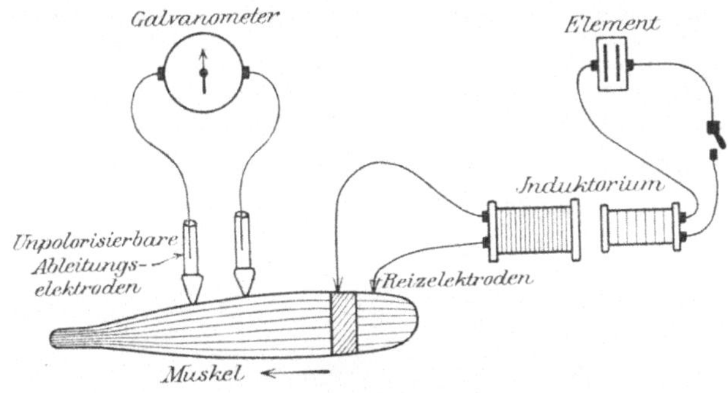

Abb. 1.
Schema der Versuchsanordnung bei direkter Reizung des Muskels nahe dem einen Ende und Ableitung zum Galvanometer von zwei Punkten der Oberfläche.

entspricht der Zeit, in der die Kontraktionswelle an der oberen Ableitungselektrode vorüberläuft, die zweite Phase oder Halbwelle dem Passieren der Kontraktionswelle an der unteren Ableitungselektrode. Abb. 2 zeigt nach Hermann, wie sich die heiden Phasen aus zwei miteinander interferierenden Einzelströmen zusammenfügen.

Den gleichen Stromverlauf erhält man bei vielen Muskeln und bei Wahl der richtigen Ableitungspunkte, wenn man nicht die Muskelsubstanz selbst am einen Ende der Muskelfasern reizt, sondern dem Muskel durch Reizung des motorischen Nerven einen einzelnen Innervationsimpuls zufließen läßt (Abb. 3). Die Kontraktionswelle nimmt dann vom „nervösen Äquator“ (Hermann) ihren Ursprung und läuft bis zum Muskelende hin ab. Der nervöse Äquator, d. i. die Muskelzone, in der die Mehrzahl der motorischen Nervenendplatten verdichtet beisammen liegt, ist bei vielen Muskeln nahe dem einen Muskelende anzusetzen; wenn man einen doppelphasischen Strom erhalten will, so muß man natürlich beide Ableitungselektroden so lokalisieren,

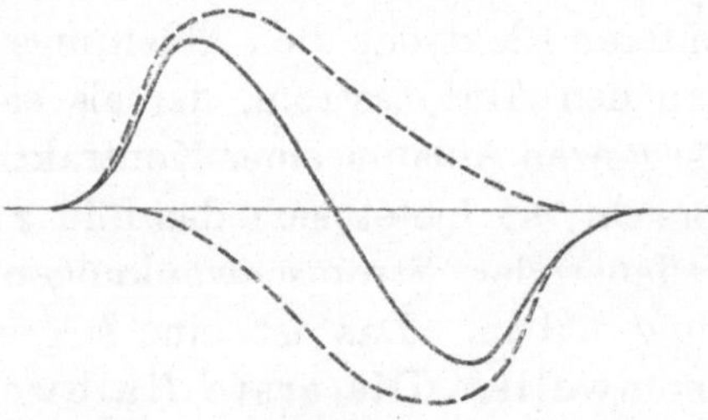

Abb. 2.
Kurve eines doppelphasischen Aktionsstromes (ausgezogen), entstanden durch Superposition zweier einphasischen Ströme (gestrichelte Kurven). Die beiden Maxima der einphasischen Ströme haben kleineren Abstand als die des resultierenden Doppelphasischen. (Nach Hermann.)

daß beide zwischen dem nervösen Äquator und einem Muskelende anliegen, nicht etwa die eine diesseits, die andere jenseits vom nervösen Äquator. Erhält man aber doppelphasische Ströme, so beweist dies, daß eine Kontraktionswelle in der

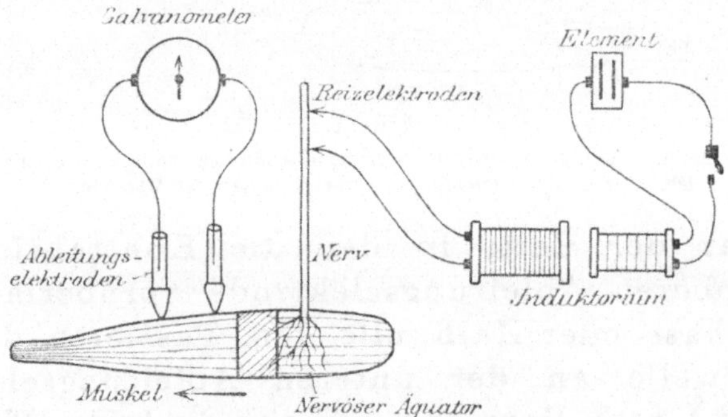

Abb. 3.
Schema der Versuchsanordnung bei indirekter Reizung des Muskels vom Nerven aus. Die Kontraktionswelle geht vom nervösen Äquator aus, als ob der Muskel hier direkt gereizt worden wäre. Ableitung des doppelphasischen Aktionsstromes wie in Abb. 1.

Muskelsubstanz zuerst den Querschnitt der oberen und dann den der unteren Ableitungselektrode passiert hat.

Alles dies ist von Bernstein und Hermann durch Rheotomversuche festgestellt worden und bildet die Grundlage für das, was in der hier folgenden Darstellung von mir zu erörtern sein wird. Da diesen Forschern nur langsam reagierende Galvanometer zur Verfügung standen, so konnten sie den Verlauf der sehr schnellen Aktionsstromschwankungen nur durch einen ingeniösen Kunstgriff finden, den Bernstein bei der Konstruktion seines Differentialrheotoms zuerst anwandte. Denkt man sich die ganze Dauer des Aktionsstromes etwa in zehn gleiche Zeitabschnitte geteilt und sorgt man dafür, daß der Stromkreis zum Galvanometer bei zehn aufeinanderfolgenden Muskelzukkungen jedesmal nur eine ganz kurze Zeit geschlossen wird, und zwar bei jeder folgenden Reizung um $^1/_{10}$ der ganzen Zeitperiode später, so erhält man zehn Galvanometerausschläge. Jeder einzelne entspricht einem bestimmten Zeitpunkt in der ganzen Dauer des Aktionsstromes. Die Größen der Ausschläge sind die Verhältniszahlen der Aktionsstromgrößen, die in den zehn verschiedenen Zeiten der Messungen vorhanden waren. Man kann aus den so erhaltenen zehn Differentialen des doppelphasischen Aktionsstromes diesen selbst vollständig integrieren, wenn man die zehn Zeiten der aufeinanderfolgenden Stromschlüsse und Messungen auf der Abszissenachse, die abgelesenen Galvanometerausschläge aber als Ordinaten einträgt.

Es ist nun weiter noch von Bedeutung, hier eine andere, nach gleicher Methodik gewonnene Feststellung über das elektro-

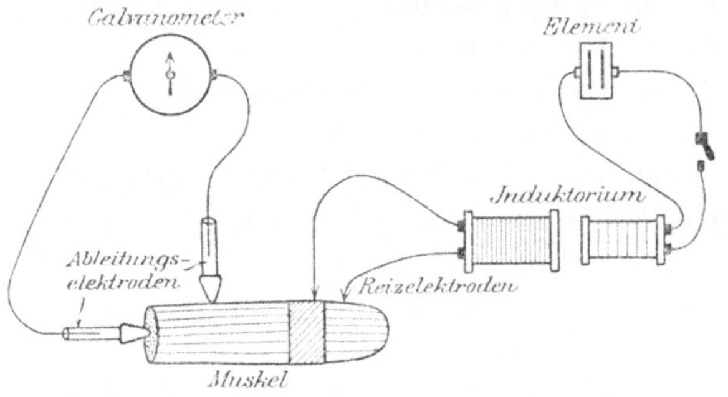

Abb. 4.
Schema der Versuchsanordnung bei Reizung des Muskels an einem Ende und Ableitung des einphasischen Aktionsstromes von Längsoberfläche und Querschnitt.

motorische Verhalten von Muskel und Nerv zu erwähnen. Legt man an einem Muskelende einen Querschnitt durch die Fasern an und appliziert an diesem die eine Ableitungselektrode, die andere an die unverletzte Muskeloberfläche (Abb. 4), so zeigt der ruhende Muskel einen Strom, der von der Oberfläche durch das Galvanometer zum Querschnitt fließt. Hermann wies nach, daß dieser Strom im wesentlichen auf Absterbeprozessen an der verletzten Muskelsubstanz beruht und er bezeichnet ihn als Demarkationsstrom. Reizt man solche Muskeln jetzt am oberen Ende etwa durch einen Induktionsschlag, so läuft wiederum eine Kontraktionswelle durch die ganze Länge der Muskelsubstanz ab und erlischt, wenn sie an dem unteren verletzten Muskelquerschnitt angelangt ist. Als elektrische Begleiterscheinung dieses Vorganges kommt jetzt nur eine einphasische Stromwelle zur Geltung, die eine negative Schwankung des Demarkationsstromes bildet (Abb. 5). Dies bedeutet, daß die Kontraktionswelle beim Passieren desjenigen Muskelquerschnittes, der der oberen Elektrode zugeordnet ist, hier in bekannter Weise ein negatives Potential verursacht. Da dieser Ableitungspunkt sich vorher stark positiv zur Demarkationsfläche verhielt, so kommt der Vorübergang der Kontraktionswelle als schnell vorübergehende Abnahme des positiven Oberflächenpotentials zur Erscheinung. Beim Eintreffen am unteren Muskelende verursacht die Kontraktionswelle keine zweite im Vergleich zur ersten umgekehrte Aktionsstromphase, und zwar um so weniger, je gründlicher durch Quetschung, Ätzung oder Verbrennung eine Schicht abgestorbener oder absterbender Substanz gemacht worden ist. Die Kontraktionswelle verhält sich also, nach dem Aktionsstrom beurteilt, als ob sie den Querschnitt der oberen Elektrode passierte, an der unteren aber gar nicht ankäme, sondern vor der absterbenden Zone erlösche und nicht in den Bereich der hier anliegenden Ableitungselektrode einträte.

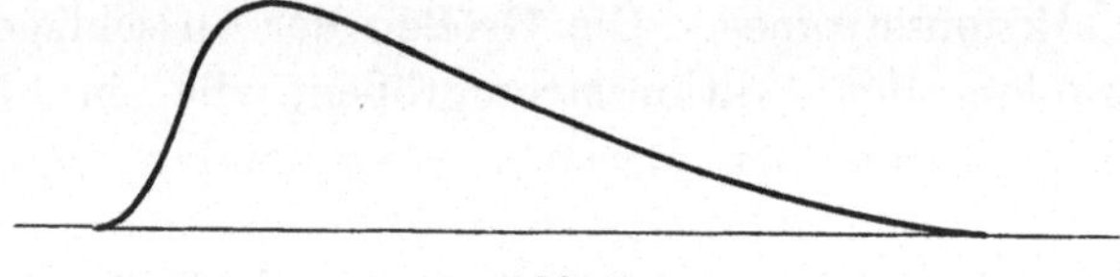

Abb. 5.
Einphasischer Aktionsstrom des Muskels, registriert bei Ableitung von Längsoberfläche und Querschnitt.

In den hier folgenden Darstellungen wird nur von den doppelphasischen Strömen die Rede sein, die man bei Ableitung von zwei Oberflächenpunkten unverletzter Muskeln erhält. Wenn man die normalen Vorgänge bei der Muskelkontraktion zu finden sucht, so scheint es vorteilhafter zu sein, nur die doppelphasischen Ströme für die Untersuchung zu benutzen, denn manche Erscheinungen deuten darauf hin, daß die einphasischen Längsquerschnittströme infolge der Anlegung des Querschnittes und Abtötung der hier liegenden Substanzschicht nicht mehr den normalen Ablauf der Kontraktionswelle verraten. Insbesondere fällt auf, daß der Wiederabfall des Stromes nach dem Maximum sehr gedehnt erfolgt und daß auf diese Weise der einphasische Strom eine beträchtlich größere Dauer bekommt als die doppelphasische Welle des unverletzten Muskels.

Doppelphasische Ströme sind von Hermann[1]) auch bereits am intakten menschlichen Muskel beobachtet worden, und es wird in der folgenden Darstellung noch genauer auf diese Feststellungen zurückzukommen sein.

---

[1]) Hermann, Pflügers Archiv, Bd. XVI, S. 410.

II. Methodik.

Die Methodik der Untersuchung schnell ablaufender Stromschwankungen — um solche handelt es sich ja bei den Aktionsströmen der Muskeln — hat seit der Einführung des Rheotoms durch Bernstein erhebliche Fortschritte gemacht. Man hat elektrische Meßinstrumente erfunden, die einige Vorteile miteinander verbinden, die man an den früheren Instrumenten nicht vereint beisammen hatte. Es handelt sich darum, Instrumente zu konstruieren, die einerseits sehr schnell reagieren, also den sehr schnell ablaufenden Aktionsstromschwankungen mit gleicher oder möglichst angenähert gleicher Geschwindigkeit zu folgen vermögen. Sie müssen aber andererseits auch eine große Empfindlichkeit haben, da die Aktionsströme sehr kleine elektromotorische Kräfte haben und bei dem großen inneren Widerstand der Gewebe mit nur sehr kleinen Stromstärken ableitbar sind, und ferner müssen die Instrumente aperiodisch reagieren, d. h. ihr Index darf, durch eine plötzliche Stromändernng abgelenkt, nicht etwa in mehreren Schwingungen hin und her oszillieren und dann erst in einer neuen Einstellung zur Ruhe kommen, sondern er soll sofort in die neue Ruhelage übergehen und darin stehen bleiben. Ein Instrument, das diesen Anforderungen: hohe Empfindlichkeit, Geschwindigkeit und Aperiodizität der Einstellungen, bis zu einem gewissen Grade gerecht wird oder diesem Ideal näher kommt, ist das Kapillarelektrometer; indessen für die vorliegenden Zwecke ist dieses Instrument in neuester Zeit doch weit überholt worden durch die Einführung der Saiteninstrumente, Galvanometer und Elektrometer, in die elektrophysiologische Methodik. Es ist bekannt, daß man diesen wesentlichen Fortschrltt in unserer Technik dem Physiologen Einthoven in Leyden verdankt. Das Prinzip des Saitengalvanometers soll im folgenden, ohne auf die nicht ganz einfache mathematische Behandlung seiner Reaktionsweise einzugehen, kurz vorgeführt werden.

Das Saitengalvanometer besteht aus einem Magneten, durch dessen Feld ein leichtbeweglicher Stromleiter senkrecht zur Richtung der Kraftlinien hindurchgeführt ist. Wenn man die Reaktion dieses Instruments bei Durchleitung von Strömen verstehen will, so muß man sich den Verlauf der Kraftlinien im magnetischen Feld des Magneten und des Stromleiters klar machen. Man bedient sich ja mit größtem Vorteil des von Faraday eingeführten Kraftlinienbegriffs, um den Zustand eines magnetischen Feldes in jedem seiner Punkte zu beschreiben, und die magnetische Kraft nach Größe und Richtung anzugeben. Im Felde eines Hufeisenmagneten haben die Kraftlinien den in Abb. 6 dargestellten Verlauf und einen vom Nordpol als Quellpunkt zum Südpol als Sinkstelle gehenden Richtungssinn. Um nun die Verteilung und Richtung der magnetischen Kraft im Felde mit Hilfe der Kraftlinien zu beschreiben, legt man diesen fiktiven Gebilden gewisse Eigenschaften bei, die ihre große Anschaulichkeit durch ihre Entlehnung aus der mechanischen Elastizitätslehre und ihre Analogie mit den allgemein bekannten Gesetzmäßigkeiten dieses experimentell und mathematisch wohldurchforschten Zweiges der physikalischen Wissenschaft haben. Wir nehmen an, daß die Kraftlinien das Bestreben haben, sich zu verkürzen. Sie sind also zwischen Nordpol und Südpol aus ihrer elastischen Ruhelage gedehnt ausgespannt. Ferner haben die Kraftlinien die Eigenschaft, daß sie einen Querdruck aufeinander ausüben. Durch die Resultierende dieser beiden Kräfte ist die Lage und Form jeder einzelnen Kraftlinie und die Verteilung und Dichte der Linien in den einzelnen Teilen des magnetischen Feldes bestimmt. Man sieht nun aus Abb. 6, daß in dem Raum zwischen den beiden Schenkeln des Magneten die Kraftlinien geradlinig verlaufen und gleiche Abstände voneinander haben. Die Querdrucke, die hier die Kraftlinien aufeinander ausüben, sind nach beiden Seiten gleich und entgegengesetzt, heben sich also auf und die Kraftlinien stellen sich infolge alleiniger Wirkung der Längsspannung auf die kleinste Länge, also geradlinig sein. Dieser mittlere homogene Teil des Magnetfeldes wird, wie zu zeigen sein wird, im Saitengalvanometer ausschließlich zur Wirkung auf den durchgeführten Stromleiter benutzt. Außerhalb dieses Raumes (in der Abbildung oben) verlaufen die Kraftlinien gekrümmt, da hier durch die zahlreichen Kraftlinien im stärkeren Teil des magnetischen Feldes ein einseitig vermehrter Querdruck stattfindet; infolgedessen verlaufen die Kraftlinien in Bögen, zuletzt von unendlicher Ausdehnung von einem Pol zum andern und die Zahl der Kraftlinien, die die Flächeneinheit der Symmetrieebene des Feldes durchsetzt, wird um so kleiner, je weiter man sich von den Polen entfernt.

Um einen stromdurchflossenen Draht besteht ein Magnetfeld, dessen Kraftlinien konzentrische Ringe um den Draht als Zentralachse bilden. Denkt man sich eine die Achse enthaltende Ebene durch das Feld gelegt, so nimmt die Zahl der Linien, welche die Flächeneinheit dieser Ebene durchsetzen, mit dem Abstand von der Achse ab, und dies ist wiederum der Ausdruck für die Tatsache, daß die Intensität des magnetischen Feldes

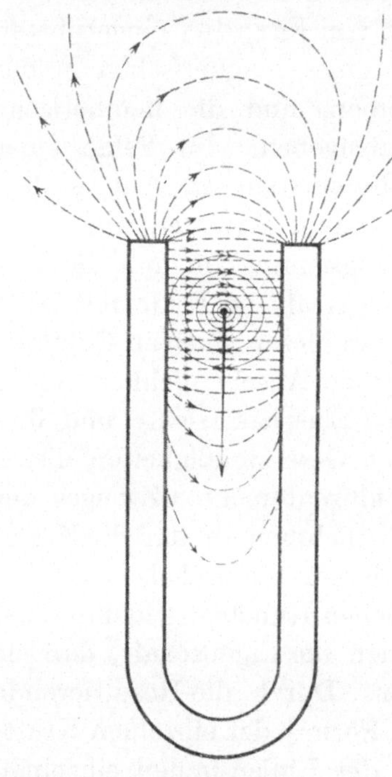

Abb. 6.

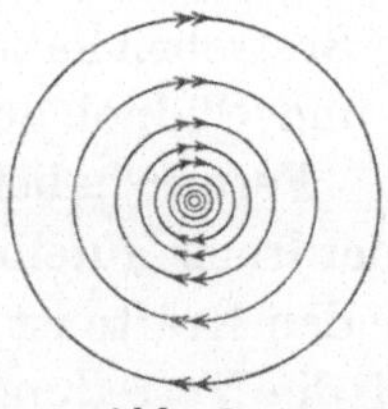

Abb. 6a.

Abb. 6 und 6a. Prinzip des Saitengalvanometers durch Kraftlinienschema dargestellt. Kraftlinien des permanenten Magneten punktiert gezeichnet, Richtungssinn von links (Nordpol) nach rechts (Südpol). Konzentrische Kraftlinienringe um den im Querschnitt getroffenen Stromleiter ausgezogen gezeichnet, Uhrzeigersinn wie in Fig. 6a. Ablenkung des Stromleiters in Richtung des Pfeiles (nach unten in der Abb. 6).

mit dem radialen Abstand von dem Stromleiter abnimmt. Auch hier haben die Linien einen bestimmten Richtungssinn, und zwar laufen sie im Uhrzeigersinn um den Draht herum, wenn man in der Richtung des Stromes am Draht entlang sieht (Abb. 6, 6a). Fließt dagegen der Strom umgekehrt, also auf den Beobachter zu, wenn er am Draht längs schaut, so haben die Kraftlinien Gegenuhrzeigersinn (Abb. 7 und 7a). Auch diese Kraftlinien haben eine elastische Längsspannung, die Ringe haben also das Bestreben, auf kleineren Radius zusammenzuschnurren. Ferner üben sie einen Querdruck aufeinander aus. Die Resultierende dieser beiden Kräfte bestimmt Größe und Lage jedes Ringes zur Achse.

Wenn ein solcher Stromträger durch das Feld eines Hufeisenmagneten derart hindurchgeführt wird, daß der Draht senkrecht zur Richtung der Kraftlinien steht, daß er also in den Abb. 6 und 7 durch die Ebene der Zeichnung senkrecht hindurchgeht und nur im Querschnitt angedeutet werden kann, so kombiniert sich das Feld des Magneten mit dem Feld des Stromleiters. Man sieht nun, daß bei bestimmter Stromrichtung die Kraftlinien auf der einen Seite des Stromleiters (in Abb. 6 oben) gleichen Richtungsinn haben wie die Kraftlinien des Magneten, es entsteht hier also eine Verdichtung von gleichgerich-

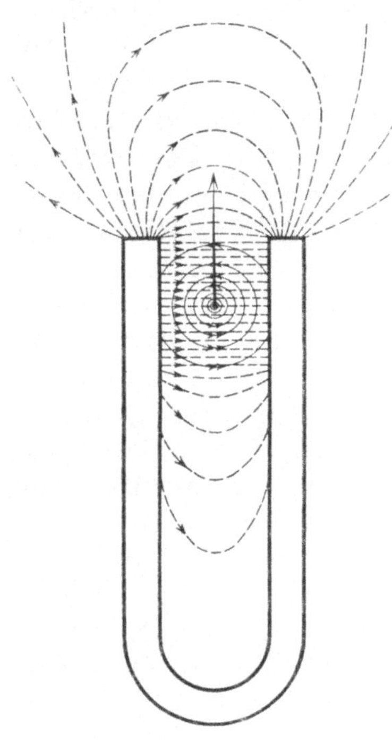

Abb. 7.

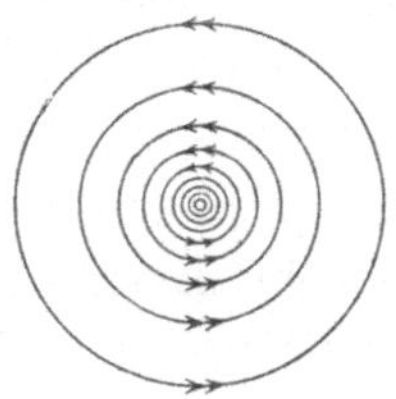

Abb. 7a.

Abb. 7 und 7a. Kraftlinien des permanenten Magneten, wie in Abb. 6. Konzentrische Kraftlinienringe um den Stromleiter haben aber Gegenuhrzeiger (vgl. Abb. 7a), weil die Stromrichtung umgekehrt wie in Abb. 6 angenommen ist. Ablenkung des Stromleiters in Richtung des Pfeiles (nach oben in der Abb. 6).

teten Kraftlinien, ihr Querdruck nimmt dementsprechend zu und es entsteht die Tendenz, den Stromleiter quer zur Richtung der Kraftlinien (in Abb. 6 nach unten) in Bewegung zu setzen. Auf der andern Seite des Stromleiters (in der Abbildung 6 unten) haben die konzentrischen Kraftlinienringe entgegengesetzten Richtungssinn verglichen mit den Kraftlinien des Magneten. Sie heben sich hier gegenseitig auf, es entsteht sozusagen eine Verdünnung des Feldes oder eine Verminderung der Kraftlinienzahl, der Querdruck nimmt hier ab und die Folge ist, daß der Stromleiter nach hierher angesogen wird. Fließt der Strom umgekehrt, so haben die Kraftlinienringe auch umgekehrten Richtungssinn (Abb. 7). Jetzt sind die Kraftlinien unterhalb des Stromleiters mit den Linien des Magneten gleich gerichtet. Es entsteht hier ein erhöhter Querdruck, der den Stromleiter nach oben zu drücken strebt. Oberhalb des Stromleiters sind jetzt die Kraftlinienringe entgegengesetzt den Linien des Magneten gerichtet und heben sich gegenseitig auf. Es entsteht hier das relative Kraftlinienvakuum, durch das der Stromleiter angesogen wird. Aus alledem ist ersichtlich, daß ein hinlänglich leicht beweglicher Stromleiter bei Durchleitung von Strömen in der einen oder andern Richtung sich in dem Felde eines Magneten quer zur Richtung der Kraftlinien hin- und herbewegen muß.

Dieses Prinzip hat Einthoven benutzt, um sein Saitengalvanometer zu konstruieren. Um den drei wichtigsten Anforderungen, die an ein für physiologische Zwecke brauchbares Instrument zu stellen sind, möglichst vollkommen gerecht zu werden, um also hohe Empfindlichkeit, große Geschwindigkeit der Einstellung und Aperiodizität der Reaktion als Vorzüge in seinem Instrument zu vereinigen, sind eine Reihe wichtiger technischer Einrichtungen angebracht. Um die Empfindlichkeit hochzutreiben, ist zunächst nicht ein permanenter Magnet, sondern ein Elektromagnet verwendet, zwischen dessen Polen ein sehr starkes konstantes Feld bei Erregung der Elektromagnete auftritt. Die Pole haben die Form 10 cm langer Kanten von geringer Breite und stehen einander in einem Abstand von 2 mm gegenüber. In dem dazwischen freibleibenden schmalen Raum, in dem parallel den Polkanten die Saite ausgespannt ist, entsteht ein Feld von großer Stärke, da die Kraftlinien hier zwischen den Polen dicht zusammengehalten übergehen. Die Feldintensität wird noch dadurch erhöht, daß man dem Magneten nicht Hufeisenform, sondern die eines geschlitzten Ringes oder eines Rechtecks gibt und daß man die Wickelungen sehr nahe den Polen anbringt (Abb. 8 und 9).

Der Saite, durch welche die zu messenden Ströme geleitet werden, hat Einthoven eine möglichst kleine Masse gegeben:

sie besteht aus versilbertem Quarz und hat 1—2 μ Dicke, oder man benutzt Wollastonfäden aus Platin von etwa gleicher Dicke, Die winzige Masse so dünner Saiten kann durch minimale elektromotorische Kräfte in Bewegung gesetzt werden und man erreicht mit solcher Anordnung sehr hohe Stromempfindlichkeit.

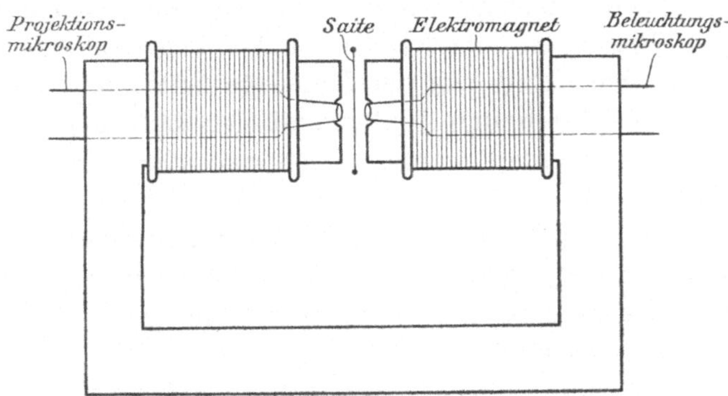

Abb. 8.

Schema des Saitengalvanometers. Die Ablenkungen der Saite erfolgen senkrecht zur Ebene der Zeichnung und senkrecht zu den Kraftlinien zwischen den Polen des Elektromagneten.

Die **Geschwindigkeit**, mit der die Ablenkungen der Saite sehr schnellen Stromschwankungen folgen, ist um so größer, je kleiner die Ausschläge sind, d. h. je mehr die Saite gespannt ist. Man muß also im Interesse der Schnelligkeit der Reaktion

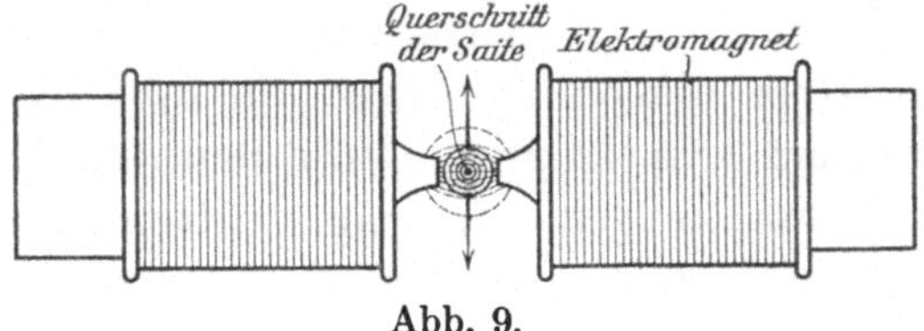

Abb. 9.

Das Instrument der Abb. 8 von oben gesehen. Die Kraftlinien zwischen den Polen des Elektromagneten sind punktiert, die konzentrischen Kraftlinienringe um den Querschnitt der Saite ausgezogen gezeichnet. Die Ablenkungen der Saite erfolgen je nach der Richtung des durchfließenden Stromes im Sinne des einen oder des anderen Pfeiles.

die Empfindlichkeit durch Spannung der Saite stark verringern, und die Ausschläge betragen in Einthovens Instrument nur Bruchteile eines Millimeters. Um die so beeinträchtigte Empfindlichkeit wiederzugewinnen, um also doch schon bei schwachen Strömen große Ausschläge zu beobachten, hat Einthoven die mikroskopische Beobachtung der Saite eingeführt; bei physiologischen

Versuchen benutzt man in der Regel 400- bis 1200fache Vergrößerung.

Mit der Spannung der Saite stellt sich zugleich der Vorteil einer Aperiodizität der Einstellung ein, d. h. die richtig gespannte Saite schwingt nicht bei Durchleitung eines Stromes über die neue Ruhelage hinaus, sondern stellt sich sofort auf diese ein. Die hierzu erforderliche Dämpfung geschieht 1. durch die mit der Ablenkung aus der Ruhelage zunehmende Spannung der Saite. 2. Durch den Widerstand der Luft und 3. elektromagnetisch; es werden nämlich nach der bekannten Lenzschen Regel bei der Bewegung eines Stromleiters, während er die Kraftlinien eines Magnetfeldes durchschneidet, elektromagnetische Kräfte wachgerufen, welche die im Gang befindliche Bewegung zu hemmen streben. Dies kommt als Dämpfung und aperiodische Einstellung der Saite zur Geltung.

Eine Einrichtung, die gerade für die Analyse sehr schnell ablaufender Stromschwankungen unerläßlich ist, ist die photographische Registrierung der mit dem Auge wegen ihrer Geschwindigkeit nicht mehr verfolgbaren Saitenausschläge. Zu diesem Zwecke wird ein Bild der Saite bei etwa 800facher Vergrößerung und starker Beleuchtung durch eine Bogenlampe projiziert und auf eine geeignete photographische Registriervorrichtung entworfen, welche die Bewegungen der Saite in Form von Kurven aufzuzeichnen vermag.

Zur photographischen Registrierung solcher Stromkurven des Saitengalvanometers dienen Apparate, die nach verschiedenem Prinzip konstruiert sein können. Will man mäßig schnell ablaufende Stromschwankungen aufnehmen, so benutzt man meistens ein Instrument, das nach Art der Kymographien gebaut ist. Eine Trommel, die um eine horizontal liegende Achse rotiert, wird mit einem Film oder hochempfindlichem photographischen Papier bespannt. Um diese Trommel herum befindet sich eine lichtdichte und enganliegende Schutzhülse, in deren Frontwand ein horizontaler Spalt ausgeschnitten ist. Das senkrecht stehende Projektionsbild der Saite des Galvanometers wird nun so eingestellt, daß es sich mit dem horizontalen Spalt in der vorderen Wand des Registrierers kreuzt. Der Spalt schneidet dann aus der ganzen Länge des Saitenbildes eine sehr kurze, annähernd punktförmige Strecke aus. Wenn nun die Saite bei Durchleitung von Strömen Ausschläge macht und die Trommel hinter dem Spalt der Schutzhülse herum rotiert, so schreiben sich die Bewegungen der Saite oder vielmehr die des herausgeschnittenen Punktes des Saitenbildes auf dem photographischen Papier der Trommel auf. Man benutzt diese Einrichtung mit Vorteil, wenn es sich darum handelt, den zeitlichen Verlauf von nicht sehr schnell ablaufenden Stromschwankungen zu registrieren und zugleich deren Oszillationen über eine längere Zeit hin zu verfolgen.

Will man sehr schnell veränderliche und kurzdauernde Stromschwankungen registrieren, so benutzt man besser eine Vorrichtung, in welcher hinter dem horizontalen Spalt eines sonst lichtdichten Schutzkastens eine photographische Platte mit großer Geschwindigkeit vorübergleitet. Sehr brauchbar für solche Zwecke ist der von Cremer konstruierte Fallregistrierapparat. In der Vorderwand eines 1 m hohen Schutzkastens ist nahe dem unteren Ende ein horizontaler Spalt angebracht. Das Projektionsbild der Galvanometersaite wird wieder so eingestellt, daß es sich mit dem horizontalen Spalt des Registrierers rechtwinklig kreuzt. Man läßt nun innerhalb des Kastens die Platte niederfallen, so daß sie mit großer Geschwindigkeit hinter dem Spalt vorübergleitet. Wenn zu dieser Zeit die Galvanometersaite ihre zu registrierenden Bewegungen ausführt, so schreiben sich dieselben auf der Platte auf. Die Geschwindigkeit des Plattenfalles läßt sich in ausgiebiger Weise abstufen durch Bremsvorrichtungen oder durch Anbringung von Gegengewichten, wie bei der Atwoodschen Fallmaschine, durch Einschaltung von Reibungswiderständen oder dergleichen.

Dieser Registrierer wird in den Werkstätten von Professor Edelmann in München hergestellt, und ebenso geht von dort auch der nach dem Prinzip der Kymographien gebaute Registrierer hervor, den Dr. Edelmann jun. für die Zwecke der Saitengalvanometrie konstruiert hat.

Wenn man die registrierten Ausschläge des Galvanometers einer Analyse unterziehen will, so muß man die Geschwindigkeit kennen, mit der sich die Schreibfläche hinter dem Spalt vorbeibewegt hat. Um diese festzustellen, trifft man Vorsorge, daß sich gleichzeitig mit den Saitenausschlägen die Zeit mitregistriert. Man stellt eine Stimmgabel von bekannter

Schwingungszahl pro Sekunde oder eine mit Schreibhebel versehene Uhr so vor dem Registrierer auf, daß eine Zinke oder der Schreibhebel seinen Schatten quer über den Spalt wirft. Die Ausschläge dieser Instrumente schreiben sich dann auf dem photographischen Papier mit auf, und zwar bedeutet in dem entwickelten Bilde die Strecke, die eine Stimmgabelschwingung oder ein Hebelausschlag des Uhrwerks einnimmt, eine Zeit von bekannter Dauer.

III. Die Aktionsströme der menschlichen Unterarmflexoren bei Zuckungen.

Weitaus die meisten der hier zu besprechenden Untersuchungen wurden an den Muskeln des menschlichen Körpers vorgenommen. Diese erwiesen sich zur Lösung namentlich des uns hier besonders interessierenden Problems der natürlich innervierten oder willkürlichen Kontraktion in hervorragendem Maße geeignet und den tierischen Präparaten bei weitem überlegen. Ganz besonders brauchbar wurde, wie das schon aus Versuchen von Hermann[1]) hervorgeht, die Muskelgruppe der Unterarmflexoren für die Beobachtung der Aktionsströme gefunden, und an diesen sind denn auch bei weitem die meisten der hier in Rede stehenden Untersuchungen angestellt worden.

Bei den Willkürkontraktionen werden frequent oszillierende Stromschwankungen von den Muskeln abgeleitet, ein sicheres Zeichen, daß der funktionelle Prozeß in der Muskelsubstanz in schnellen Schwingungen verläuft. Wenn man eine Analyse solcher Aktionsstromoszillationen mit Erfolg vornehmen will, so ist es notwendig, zunächst ausfindig zu machen, was jede einzelne der hier beobachteten Wellen bedeutet. Wenn also bei der Willkürkontraktion sehr schnell sich wiederholende Zustandsänderungen in der Muskelsubstanz ablaufen, so muß das Bestreben darauf ausgehen, zuerst einmal eine einmalige derartige Zustandsänderung darzustellen und diese vollständig zu analysieren. Nun ist bekannt, daß derartige einmalige Zustandsänderungen der Muskelsubstanz immer dann als sogenannte Einzelzuckung zur Beobachtung kommen, wenn die Muskelsubstanz direkt oder vom Nerven aus zu einmaliger Tätigkeit gereizt wird. Es läuft dann über die Fasern eine einzige Kon-

[1]) Hermann, Arch. f. d. ges. Physiologie, XVI, S. 410.

traktionswelle hin und diese ist, wie einleitend schon ausgeführt wurde, elektrisch von einer doppelphasischen Stromschwankung begleitet. Die Zuckung also und ihr elektrisches Äquivalent müssen die Grundlage abgeben für die Analyse der Dauerkontraktion und der diese begleitenden oszillierenden Aktionsströme, und man muß versuchen, die letzteren auf doppelphasische Ströme zurückzuführen.

Man kann ohne Schwierigkeit Zuckungen der Flexorengruppe des Unterarms erhalten, wenn man den motorischen Nerven, den Nervus medianus oder ulnaris, mit einem Induktionsschlag reizt; es hat auch keine Schwierigkeit, den begleitenden Aktionsstrom durch die Haut hindurch abzuleiten und mit Hilfe des Saitengalvanometers zu registrieren. Diese Versuche hat bereits Hermann[1]) unter Verwendung des Rheotoms im Jahre 1877 durchgeführt Sie lassen sich am Saitengalvanometer leicht wiederholen und zu größerer Vollständigkeit weiterführen. Ich habe über Experimente dieser Art im Jahre 1909 berichtet[2]). Die Methode der Untersuchung war in diesen Versuchen folgende: als Ableitungselektroden dienten Glastrichter; ihre Öffnung betrug etwa 5 cm im Durchmesser und war mit Schweinsblase überspannt. Die Trichter wurden mit Zinksulfatlösung gefüllt und durch den Hals wurde ein amalgamierter Zinkstab eingeführt. An diese wurden die Zuleitungsdrähte zum Saitengalvanometer angeschlossen. Die Elektroden wurden auf zwei Stellen der Haut über den Flexoren des Unterarmes derart aufgeschnallt, daß die mit Schweinsblase überzogene weite Öffnung der Haut anlag. Die eine war etwa handbreit unterhalb der Ellenbeuge, die andere etwas oberhalb des Handgelenkes angesetzt.

Wenn man Zuckungen der Flexoren durch Reizung des Nervus medianus oder ulnaris mit einzelnen Öffnungsschlägen eines Induktoriums erzeugt und dabei in der angegeben Weise den Aktionsstrom zum Saitengalvanometer ableitet und photographisch registriert, so erhält man die Kurve einer doppelphasischen Stromwelle. Dies beweist, daß die Muskeln unter geeigneten Bedingungen der Stromableitung in ihrem elektromotorischen Verhalten einem parallelfasrigen Muskel gleichen,

---

[1]) Hermann l. c.

[2]) H. Piper, Verlauf und Theorie des Elektromyogrammes der Unterarmflexoren, Arch. f. d. ges. Physiologie, Bd. 129, S. 145.

über den auf Reizung des einen Endes eine Kontraktionswelle hinläuft, während der Aktionsstrom von zwei Punkten der Längsoberfläche abgeleitet wird. Man darf folgern, daß bei Reizung des Nervus medianus oder ulnaris mit einem Öffnungsschlag die Kontraktionswelle analog derjenigen eines parallel-fasrigen Muskels vom nervösen Äquator aus, d. h. von der Muskelzone aus, in der die Mehrzahl der Nervenendorgane liegt, über die Flexoren hinläuft und zuerst den der oberen und dann den der unteren Ableitungselektrode zugeordneten Muskelquerschnitt passiert.

Es ist hier nun von Interesse, von vornherein zu bemerken, daß eine solche Kontraktionswelle des ganzen Muskels zusammengesetzt zu denken ist aus den sehr zahlreichen Kontraktionswellen aller Einzelfasern. Wenn ein doppelphasischer Aktionsstrom zur Ableitung kommt, so beweist dies, daß diese fibrillären Kontraktionswellen wie ein Schwarm zusammengehalten von Querschnitt zu Querschnitt durch den Muskel hinlaufen und so die Kontraktionswelle des ganzen Muskels bilden, die in jedem Zeitteilchen ihres Ablaufes einen kurzen Bereich der ganzen Längenausdehnung des Muskels innehat.

So stellt sich die Sachlage auf Grund des elektrischen Verhaltens der Muskeln dar, wenn man die beiden Ableitungspunkte in der unteren Hälfte des Unterarms wählt. Variiert man aber systematisch die Lage der Ableitungspunkte, so findet man bald, daß Stromwellen von so einfacher Ablaufsform nicht immer erhalten werden. Bei anderen Lokalisierungen der Elektroden erhält man in der Regel kompliziertere Stromwellen, die mehr als zwei Phasen aufweisen.

Man kann nun doppelphasische Ströme von einfacher Ablaufform nur dann ableiten, wenn die Kontraktionswelle ihren Ursprung von einem Punkte nimmt, welcher außerhalb der zwischen beiden Elektroden eingeschalteten Muskelstrecke liegt, und wenn sie von hier ausgehend zuerst an der einen und dann an der andern Elektrode vorüberläuft. Würde man den Reiz an einem Punkte des Muskels zwischen beiden Elektroden, also innerhalb der Ableitungsstrecke applizieren, so würde von hier eine Kontraktionswelle zu einem Muskelende hinlaufen, und dabei einen Querschnitt passieren, dem die eine Ableitungselektrode anliegt. Eine zweite Kontraktionswelle würde gleichzeitig mit der ersten vom Reizpunkt abgehen und zum andern Muskelende hinlaufen, wobei sie die andere Ableitungselektrode passieren würde. Beiden Kontraktionswellen sind Aktionsströme zugeordnet; diese müßten im Ableitungsstromkreis interferieren und einen Strom von komplizierter Ablaufsform, jedenfalls im allgemeinen von mehr als zwei Phasen ergeben.

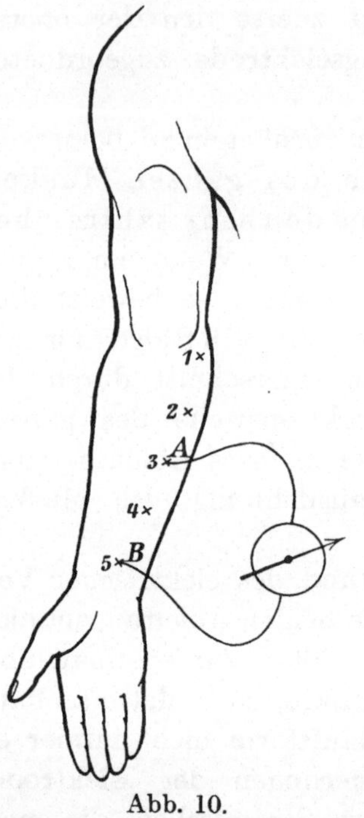

Es soll nun für die Unterarmflexoren gezeigt werden, daß der nervöse Äquator als Ursprungsort je einer zum oberen und zum unteren Muskelende hinlaufenden Kontraktionswelle in einem mittleren Muskelteil zu lokalisieren ist. Setzt man nämlich beide Ableitungselektroden an zwei Punkten an, die beide unterhalb vom nervösen Äquator liegen, so erhält man einen doppelphasischen Strom von einfacher Ablaufform, wie er einer Kontraktionswelle zugeordnet ist, die vom nervösen Äquator aus kommend, zuerst an der einen und dann an der zweiten Elektrode vorüberläuft. Ebenso erhält man eine typische doppelphasische Stromwelle, wenn beide Elektroden oberhalb von der den nervösen Äquator enthaltenden Muskelzone angesetzt werden; sie entspricht einer Kontraktionswelle, die vom nervösen Äquator, der Mitte des Muskels, zum oberen Ende hin abläuft. Wird aber eine Elektrode oberhalb und die andere unterhalb vom nervösen Äquator angesetzt, so erhält man einen Aktionsstrom von komplizierter Ablaufform, von dem sich zeigen läßt, daß er durch Interferenz zweier doppelphasischer Ströme entstanden ist.

Abb. 10.
Die Punkte 1 bis 5 geben die Orte am Unterarm an, von denen paarweise abgeleitet wurde. *A* ist die obere, *B* die untere Ableitungselektrode zum Galvanometer.

Die Versuche, in denen dies im einzelnen zu erweisen ist, wurden an den vom Nervus ulnaris innervierten Muskeln, d. h. im wesentlichen am Flexor carpi ulnaris angestellt. Man hat anatomisch einfachere Verhältnisse der Muskelanordnung und des Faserverlaufes vor sich, als bei Medianusreizung. Der Vorteil ist freilich mehr theoretischer Natur, denn trotz ihrer komplizierteren Faseranordnung geben auch die vom Nervus medianus versorgten Muskeln so einfache Aktionströme, daß sie kaum von denen der Ulnarisgruppe unterschieden werden können.

Um den Einfluß des Ortes der Stromableitung auf den Stromverlauf festzustellen, wurden auf der Beugeseite des Unterarms und zwar auf der ulnaren Fläche vom Olekranon bis herunter zum Handgelenk fünf Punkte markiert, die je 5 cm Abstand voneinander hatten; der oberste war 5 cm unterhalb der Spitze des Olekranon, der unterste 5 cm oberhalb der Handwurzel (Abb. 10). In jedem Reizversuch wurde von je zweien dieser Punkte abgeleitet, und es wurde dann der Reihe nach jede mögliche paarweise Kombination der so markierten fünf Ableitungspunkte darauf geprüft, wie sich abhängig von der Lokalisierung der Elektroden der Ablauf des abgeleiteten Aktionsstromes ändert. Die fünf Punkte seien von oben nach unten mit den Nummern 1 bis 5 bezeichnet. Die eine Elektrode A war bei allen Versuchen die obere, die andere B die untere.

1. Ableitung von zwei Punkten, die unterhalb vom nervösen Äquator, d. h. in den unteren zwei Dritteln des Unterarmes liegen.

Leitet man von den Punkten 3 und 4 oder von den Punkten 3 und 5 ab, so erhält man, wie schon Hermann zeigte, als elektrisches Äquivalent jeder durch Reizung erzeugten Einzelzuckung einen doppelphasischen Aktionsstrom von fast unkompliziertem Ablauf (Abb. 11). Die erste Phase ist meist doppelgipflig. Die Lage des Gipfels entspricht ungefähr der Zeit, in der die vom oberhalb gelegenen nervösen Äquator abgegangene Kontraktionswelle den Muskelquerschnitt passiert, den die Elektrode A ableitet. Die zweite Phase hat umgekehrte Stromrichtung und erfolgt, wenn die Kontraktionswelle den Muskelquerschnitt passiert, den die weiter unten angesetzte Elektrode B ableitet. Beide Halbwellen haben ungefähr gleiche Amplitude und gleiche Länge. Die ganze Länge oder Dauer der abgeleiteten Stromwelle beträgt ungefähr $^1/_{50}$ Sekunden. Der Abstand der Gipfel beider Halbwellen beträgt annähernd $^1/_{100}$ Sekunde und variiert kaum deutlich, wenn der gegenseitige Abstand beider Elektroden abgeändert wird. Für das Verhalten beider Stromphasen ist es ziemlich gleichgültig, ob von Punkt 3 und 5 oder von Punkt 3 und 4 oder von beliebigen zwei andern übereinander gelegenen Punkten in den unteren zwei Dritteln des Unterarms abgeleitet wird. Das erklärt sich daraus, daß die Punkte 4 und 5 schon sehr nahe oder sogar über dem Sehnenende des Muskels liegen. Man verkürzt also bei Veränderung des Elektrodenortes zwischen diesen Punkten nicht die zwischen den Elektroden liegende Muskelstrecke, sondern schaltet nur das Sehnenende mit ein oder aus. Der Ursprungsort für die in diesem Aktionsstrom nachgewiesene Kontraktionswelle dürfte etwa an der Grenze von oberem und mittlerem Drittel des Muskels anzusetzen sein.

Ich stelle mir diese Welle, aus Gründen, die weiter unten näher anzugeben sind, als dichtgedrängten Schwarm von fibrillären Kontraktionswellen vor. Der ganze Schwarm hat also in jedem Zeitteilchen seines Bestehens oder seines Ablaufes nur einen kleinen Querschnittsbereich des Muskels inne. Die Nervenendorgane, von denen er ausgeht, müssen dann auch am Ursprungsort in ähnlicher Anordnung wie die Wellen im Schwarm beisammen liegen, d. h. sie müssen in einer kurzen Muskelzone dicht zusammengedrängt sein.

2. Ableitung von zwei Punkten, die im oberen Drittel des Unterarmes, d. h. oberhalb vom nervösen Äquator liegen.

Verschiebt man die Elektroden so weit nach oben, daß die eine A auf Punkt 1, die zweite B auf Punkt 2 (Abb. 10) lokalisiert ist, so wird bei Erzeugung einer Einzelzuckung durch Reizung des Nervus ulnaris wiederum ein doppelphasischer Aktionsstrom abgeleitet (Abb. 12). Auch das hat Hermann[1]) bereits 1877 beschrieben. Dies beweist ohne weiteres, daß auch in diesem Falle eine Kontraktionswelle im Muskel zuerst durch den Querschnitt der einen und kurze Zeit später durch den der anderen Elektrode hindurchläuft. Es ist aber zu bemerken, daß jetzt beide Strom-

---

[1]) Hermann l. c.

phasen umgekehrte Richtung haben, verglichen mit der bei gleichem gegenseitigen Lageverhältnis der Elektroden erhaltenen Aktionsstromwelle vom unteren Teil des Armes. Während nämlich die früher beschriebene Stromwelle ihre erste Phase als eine nach oben, ihre zweite als eine nach unten ausgebuchtete Halbwelle zeigt, ist jetzt das Verhältnis umgekehrt. Das bedeutet ohne Frage, daß im oberen Drittel des Muskels die Kontraktionswelle von unten nach oben läuft, während sie im unteren Teil von oben nach unten, also handwärts läuft.

Die Länge der vom oberen Unterarmdrittel abgeleiteten Stromwelle ist sehr annähernd gleich der Länge des vom unteren Muskelteil dargestellten Aktionsstromes, beträgt also nahezu $^1/_{50}$ Sekunde. Inbezug auf den Gipfelabstand aber zeigen sich bemerkenswerte Unterschiede. Die Gipfel beider Halbwellen liegen nämlich jetzt sehr nahe beisammen und sind durch ein steil verlaufendes Kurvenstück miteinander verbunden. Der Gipfelabstand beträgt nur etwa 0,004 Sekunden.

Die Ursache für den eigentümlichen und von der vorher beschriebenen Stromwelle abweichenden Verlauf dieses Aktionsstroms dürfte in folgendem zu suchen sein: Man muß wohl annehmen, daß die nach oben laufende Kontraktionswelle eine etwa gleich lange Muskelstrecke und mit gleicher Geschwindigkeit zurückzulegen hat wie die abwärtslaufende. Ich stelle mir aber vor, daß die Formation des Schwarmes von fibrillären Kontraktionswellen in diesem Falle eine andere ist. Nimmt man an, daß der Schwarm im Vergleich zu dem nach unten ziehenden lang ausgezogen ist, so daß er in jedem Zeitteilchen seines Bestehens eine relativ lange Strecke des Muskels einnimmt, so muß er ziemlich allmählich vom nervösen Äquator ausgehend in den Bereich der unteren Ableitungselektrode B eintreten, so daß das negative Potential hier langsam ansteigt. Wenn der Schwarm dann vollständig in die Ableitungsstrecke eingetreten ist, so liegt sein Schwerpunkt schon nahe der Mitte der Ableitungsstrecke. Er hat also nur ein kleines Stück weiterzurücken, um aus dem Bereich der unteren in den der oberen Elektrode zu gelangen. Dieser Übergang wird also schnell erfolgen, so daß die Stromrichtung von einem Extrem zum anderen rasch wechselt. In der Stromkurve kommt das darin zum Ausdruck, daß die Gipfel beider Stromphasen nahe beisammen liegen und durch ein steil verlaufendes Kurvenstück verbunden sind. Bis der lang ausgedehnte Schwarm dann vollständig den Bereich der oberen Elektrode verlassen hat, vergeht aber eine gewisse Zeit, in der das Potential an dieser Elektrode allmählich auf Null sinkt. Dieser Vorgang kommt in dem flachen Gefälle des letzten Stückes der Stromkurve zur Darstellung. Die Unterschiede des Verlaufes, welche die vom oberen und die vom unteren Teil des Armes abgeleiteten doppelphasischen Aktionsströme erkennen lassen, werden hier also durch die Annahme erklärt, daß der nach oben ziehende Schwarm fibrillärer Kontraktionswellen langgedehnt, der nach unten ziehende aber kurz- und dichtgedrängt formiert ist. Was hierdurch namentlich verständlich wird, ist die Tatsache, daß trotz der auffallenden Verschiedenheit der Gipfelabstände beide Wellen gleiche Länge oder Dauer haben, und daß die Gipfel der vom oberen Muskelteil abgeleiteten Stromwelle zeitlich zwischen die Gipfel der unten abgeleiteten fallen, wenn die zeitlichen Abmessungen vom Reizmoment ab gerechnet werden. Für diese Tatsachen steht mir eine andere Deutung nicht zur Verfügung.

Der Ursprungsort für den nach oben laufenden Wellenschwarm dürfte, wie noch näher zu begründen sein wird, weiter unten zu suchen sein, als der nervöse Äquator für die abwärts laufende Kontraktionswelle. Er dürfte im mittleren oder sogar etwas unterhalb vom mittleren Bereich des Muskels anzusetzen sein, und zwar müssen hier die Nervenendorgane, von denen die fibrillären Kontraktionswellen ausgehen, ähnlich angeordnet sein, wie die Wellen innerhalb des ganzen nach oben ziehenden Schwarmes zueinander liegen. Sie dürften also über einen relativ großen mittleren Bereich des Muskels verteilt liegen. Man sieht, daß dieser nervöse Äquator, d. h. der, von welchem der nach oben laufende Wellenschwarm ausgeht, seine Nervenendorgane in anderer Anordnung zu enthalten scheint, als der Äquator für die abwärts laufende Kontraktionswelle, bei dem wir dichtgedrängte Lage der Nervenendplatten in einem kurzen und etwas höher gelegenen Bereich des Muskels annahmen. Man wird daraus folgern, daß die nach oben laufenden Kontraktionswellen ihren Sitz in anderen Muskelfasern haben als die abwärts laufenden.

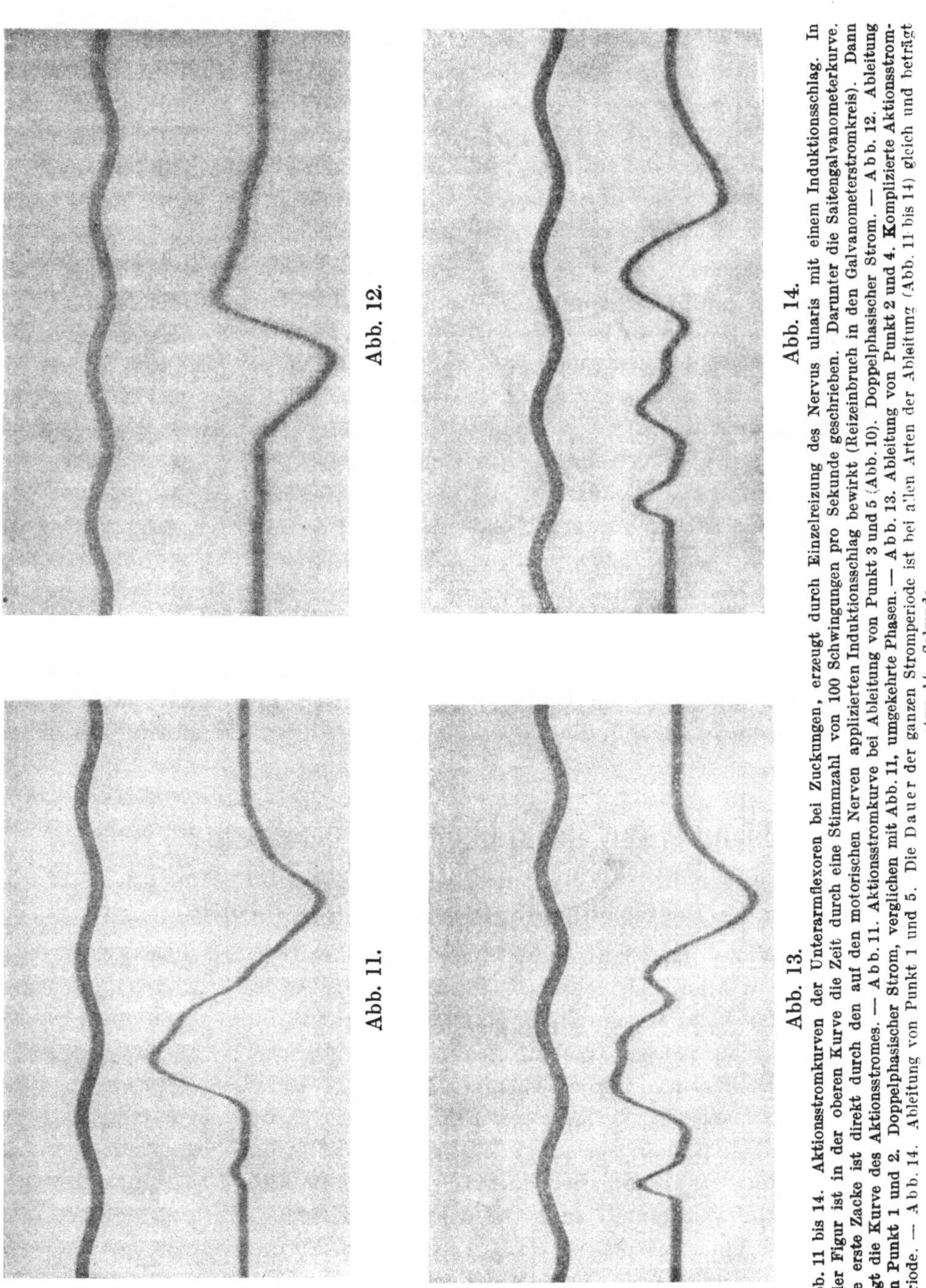

Abb. 11. Abb. 12. Abb. 13. Abb. 14.

Abb. 11 bis 14. **Aktionsstromkurven der Unterarmflexoren bei Zuckungen, erzeugt durch Einzelreizung des Nervus ulnaris mit einem Induktionsschlag. In jeder Figur ist in der oberen Kurve die Zeit durch eine Stimmzahl von 100 Schwingungen pro Sekunde geschrieben. Darunter die Saitengalvanometerkurve. Die erste Zacke ist direkt durch den auf den motorischen Nerven applizierten Induktionsschlag bewirkt (Reizeinbruch in den Galvanometerstromkreis). Dann folgt die Kurve des Aktionsstromes. — Abb. 11. Aktionsstromkurve bei** Ableitung von Punkt 3 und 5 (Abb. 10). Doppelphasischer Strom. — **Abb. 12. Ableitung von Punkt 1 und 2. Doppelphasischer Strom, verglichen mit Abb. 11, umgekehrte Phasen. — Abb. 13. Ableitung von Punkt 2 und 4. Komplizierte Aktionsstromperiode.** — Abb. 14. Ableitung von Punkt 1 und 5. Die Dauer der ganzen Stromperiode ist bei allen Arten der Ableitung (Abb. 11 bis 14) gleich und beträgt etwa $^1/_{50}$ Sekunde.

Genau genommen läßt die Tatsache, daß die beiden bisher betrachteten doppelphasischen Ströme umgekehrte Richtung beider Halbwellen haben, eine doppelte Deutung zu. Nämlich entweder, daß der Kontraktionsvorgang von der Muskelmitte nach beiden Enden fortschreitet, oder daß er sich von den Enden nach der Muskelmitte fortpflanzt. Um den letzten, an sich unwahrscheinlichen Fall dieser Alternative auszuschließen, ist der Nachweis erforderlich, daß die zeitlich früheren Halbwellen beider Aktionsströme durch funktionelle Vorgänge in der Muskelmitte bedingt sind und daß die zweiten Phasen durch spätere Prozesse in den Muskelenden verursacht werden. Daß dies so ist, läßt sich leicht durch die Betrachtung der Stromrichtung erweisen. Die erste Halbwelle der Aktionsströme hat eine solche Stromrichtung, daß das negative Potential in der Muskelmitte, das positive am Muskelende liegt, daß der Strom also vom Muskelende durch das Galvanometer zur Mitte, also dem Äquator fließt. Für die zweite Phase ist es umgekehrt, das negative Potential liegt jetzt am Muskelende, das positive in der Mitte. Da ganz allgemein funktionell tätige Teile sich zu ruhenden elektronegativ verhalten, das negative Potential aber von der Muskelmitte zum oberen und unteren Ende fortgeschritten ist, so muß auch der funktionelle Prozeß, die Kontraktionswelle, diesen Weg genommen haben.

3. Ableitung von einem im oberen und einem im unteren Teil des Unterarmes, d. h. diesseits und jenseits vom nervösen Äquator gelegenen Punkte.

Wenn die Elektroden etwa an den Punkten 2 und 4 lokalisiert werden, so stehen sie im Bereich sowohl der nach oben wie der nach unten ablaufenden Kontraktionswelle, und der Ursprungsort beider Wellen, der nervöse Äquator, liegt zwischen den Elektroden. Die Aktionsströme der beiden Kontraktionswellen interferieren jetzt mit Phasenunterschieden im Ableitungsstrom, so daß dieser einen komplizierten Verlauf annimmt.

Man erhält eine Stromkurve von dem in Abb. 13 dargestellten Verlauf. Bezeichnet man die vier Hauptwendepunkte der Kurve, wie in Abb. 15, Kurve III geschehen, mit *a b c d*, so ergibt sich die Beziehung zu den früher betrachteten Stromkurven beim

Vergleich sehr leicht. Verschiebt man nämlich beide Elektroden vom Punkt 2 und 4 nach unten auf Punkt 3 und 5, so bleiben nur zwei Kurvenwendepunkte übrig, die ihrer zeitlichen Lage nach im Kurvenverlauf mit dem Punkt *a* und *d* annähernd übereinstimmen, und die Zipfel *b* und *c* (Abb. 15, Kurve I) fallen aus. Die Phasen *a* und *d* entsprechen also Vorgängen, die sich in den unteren zwei Dritteln der Flexorengruppe abspielen, und sind, wie oben auseinandergesetzt wurde, das Stromäquivalent derjenigen Kontraktionswelle, die von dem weiter oben gelegenen nervösen Äquator zum unteren Muskelende hin abläuft.

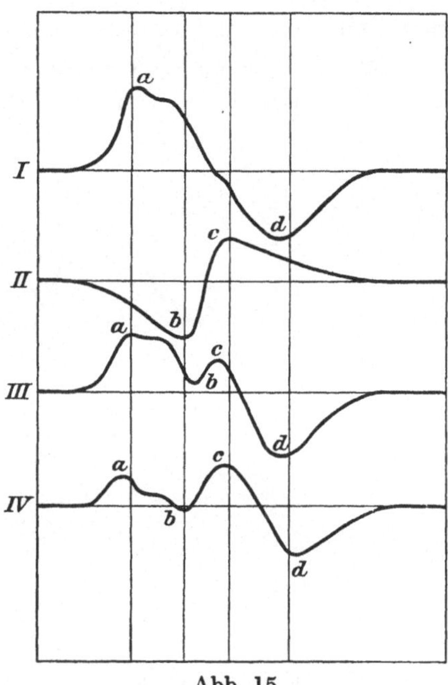

Abb. 15.
Die Stromkurven der Abb. 11 bis 14 sind so untereinander gezeichnet, daß alle Punkte von gleichem Zeitwert (von der Zeit des Reizes an gerechnet) auf gleichen Abszissenorten liegen. Die Wendepunkte sind in den Kurven III und IV mit denselben Buchstaben bezeichnet, wie die analogen Wendepunkte in den Kurven I und II.

Verschiebt man dagegen die Elektroden von den Punkten 2 und 4 nach oben, so daß *A* auf 1 und *B* auf 2 fällt, so fallen die Kurvenwendepunkte *a* und *d* aus und nur *c* und *b* bleiben übrig (Abb. 15, Kurve II). Die Gipfel *b* und *c* sind also durch Vorgänge bedingt, die im oberen Teil des Muskels ablaufen und entsprechen den beiden Phasen des Aktionsstromes, der zur Ableitung kommt, wenn die Kontraktionswelle vom weiter unten gelegenen nervösen Äquator zum oberen Muskelende hinläuft.

Es ist nun wichtig, zu konstatieren, daß man die Stromkurve, welche bei Ableitung von einem diesseits und einem jenseits des nervösen Äquators liegenden Muskelpunkt registriert wird, und welche die doppelphasischen Ströme, sowohl der nach unten wie der nach oben laufenden Kontraktionswelle superponiert enthält, durch Konstruktion aus den beiden für sich aufgenommenen Stromwellen ableiten kann. Man überzeugt sich dann ohne weiteres, daß das E r g e b n i s d i e s e r S y n t h e s e mit dem tatsächlich registrierten Stromablauf übereinstimmt. Man zeichne die beiden doppelphasischen Stromkurven, die vom unteren und oberen Muskelabschnitt abgeleitet wurden, in ein System rechtwinkliger Koordinaten so übereinander ein, daß die als Abszissenachse genommene Nullinie beider Kurven zusammenfällt und immer je zwei Punkte von gleichem Zeitwert auf derselben Ordinate liegen; das letztere erreicht man, indem man den Zeitpunkt der Reizung und Beginn und Ende beider Stromkurven auf gleiche Abszissenorte legt. Die resultierende Kurve wird konstruiert, indem man die bekannten Regeln anwendet,

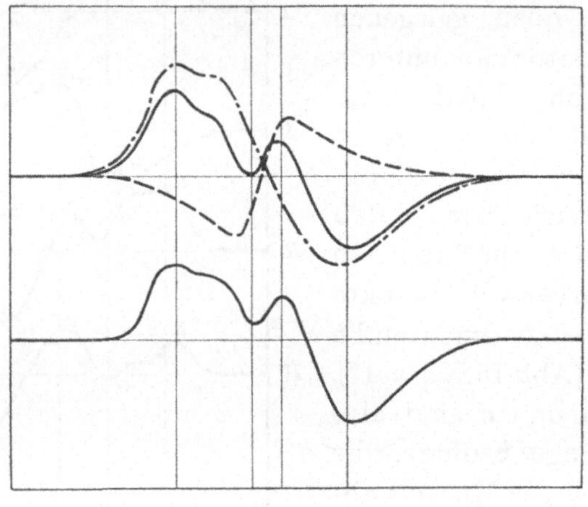

Abb. 16.

Oben: Die gestrichelt-punktierte Kurve ist gleich der Aktionsstromkurve Fig. 11 und Fig. 15 I, erhalten bei Ableitung von Punkt 3 und 5 (Abb. 10). Die gestrichelte Kurve ist gleich der Stromkurve Abb. 12 und 15 II, erhalten bei Ableitung von Punkt 1 und 2 (Abb. 10). Durch Superposition erhält nun die ausgezogene Kurve als Resultierende. Diese konstruierte Stromkurve ist gleich derjenigen, welche bei Ableitung von Punkt 2 und 4 (Abb. 10) tatsächlich registriert wird. Diese ist zum Vergleich unter die Konstruktion gezeichnet.

nach denen resultierende Wellen aus einfachen durch Interferenz zusammengefügt werden. Man hat also für eine Reihe von Abszissenpunkten die Ordinaten beider Kurven, ihren Vorzeichen entsprechend zu superponieren. In Abb. 16 sind die beiden doppelphasischen Stromkurven, die vom oberen und vom unteren Teil des Muskels für sich registriert worden waren, punktiert gezeichnet. Die ausgezogene Kurve ist die durch Konstruktion erhaltene resultierende Interferenzkurve. Darunter ist die Stromkurve gezeichnet, die bei Ableitung von den Punkten 2 und 4 tatsächlich registriert worden ist. Man sieht ohne weiteres, daß die konstruierte und die direkt registrierte Kurve fast vollständig übereinstimmen.

Wie aus der oben angegebenen Konstruktion ersichtlich ist, zeigen die beiden doppelphasischen Ströme, welche in dem von Punkt 2 und 4 abgeleiteten Aktionsstrom als Komponenten enthalten sind, dieselbe Richtung, welche der eine bei Ableitung von 2 Punkten des oberen Muskelteils aufwies und die der andere hatte, wenn nur der untere Muskelabschnitt zwischen den Elektroden lag (zwischen Punkt 3 und 5.) Nun ließ aber der doppelphasische Strom bei Ableitung von Punkt 1 und 2 erkennen, daß die zugehörige Kontraktionswelle von unten nach oben lief, zuerst also die untere Elektrode *B* und dann die obere *A* passieren mußte. Ganz ebenso verhält sich die dem oberen Muskelteil zugeordnete Komponente der komplizierten Stromperiode, die bei Ableitung von Punkt 2 und 4 registriert wurde. Auch jetzt ist die Stromrichtung der beiden Phasen so, als ob die vom Äquator nach oben laufende Kontraktionswelle zuerst die untere in Punkt 4 lokalisierte Elektrode *B* und dann die obere auf Punkt 2 angesetzte Elektrode *A* passiert hätte.

In gleicher Weise läßt sich für die zweite, dem unteren Muskelteil zugeordnete doppelphasische Komponente zeigen, daß ihre Phasen die gleiche Richtung in der von Punkt 2 und 4 abgeleiteten Stromperiode aufweisen, welche sie bei Ableitung von Punkt 3 und 5 hatten. Im letzteren Fall war aber deutlich, daß die zugehörige Kontraktionswelle von oben nach unten lief, und zuerst die obere in Punkt 3 lokalisierte Elektrode *A* und dann die untere in Punkt 5 angesetzte *B* passieren mußte. Wenn die Richtungsverhältnisse beider Stromphasen bei Ableitung von Punkt 2 und 4 ebenso sind, so beweist das, daß auch in diesem Falle die Kontraktionswelle, vom nervösen Äquator ausgehend, zuerst die obere in Punkt 2 lokalisierte Elektrode *A* und dann die untere in Punkt 4 angesetzte *B* passiert.

Bei Zerlegung der von Punkt 2 und 4 abgeleiteten Stromperiode in ihre beiden doppelphasischen Komponenten kann man also ersehen, daß der nervöse Äquator für die nach oben laufenden fibrillären Kontraktionswellen weiter unten liegt, als der Äquator für die nach unten laufenden Wellen (Abb. 17). Bei Erzeugung einer Einzelzuckung würden sich also in der Mitte des Unterarmes auf gleicher Muskelstrecke die nach oben und die nach unten fortschreitenden Wellen in entgegengesetzter Richtung laufend begegnen.

Es ist bemerkenswert, daß die Unterschiede, die im Verlauf der beiden für sich registrierten doppelphasischen Ströme der Flexoren konstatiert worden waren, in gleicher Beschaffenheit erhalten bleiben, wenn sie miteinander interferieren und einen Ableitungsstrom von komplizierterer Periode geben. Die Unterschiede des Gipfelabstandes und des Gefälles beim Anstieg und Abfall der Stromwellen sind, wie aus Abb. 16 ersichtlich ist, fast unverändert in die von Punkt 2 und 4 abgeleitete Stromperiode übergegangen. Auch unter diesen Bedingungen also tritt klar zutage, daß der nach oben und der nach unten laufende Schwarm von fibrillären Kontraktionswellen eine verschiedene Formierung haben muß, d. h. daß, wie oben schon ausgeführt wurde, die einzelnen fibrillären Kontraktionswellen im ganzen Wellenschwarm eine unterschiedliche gegenseitige Anordnung haben müssen.

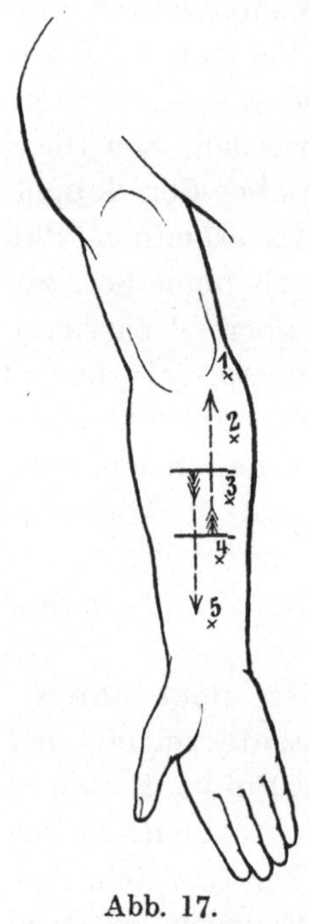

Abb. 17.
Die hypothetischen beiden nervösen Äquatoren der Unterarmflexoren sind durch Querstriche schematisch angedeutet. Die Ablaufbahn der nach oben und der nach unten laufenden Kontraktionswelle ist durch gestrichelte Pfeile bezeichnet.

Läge der nervöse Äquator in einem bestimmten Muskelquerschnitt und wäre er für die nach oben und unten laufende Kontraktionswelle identisch, könnte man ferner annehmen, daß beide Arten von Kontraktionswellen bei jeder Zuckung gleichzeitig in gleicher Zahl und in gleicher Anordnung zueinander innerhalb jedes Wellenschwarmes vom nervösen Äquator durch den Muskel hinlaufen, so müßten sich diesseits und jenseits vom nervösen Äquator Paare von Ableitungspunkten finden lassen, die sich stromlos verhalten, und diese Punkte müßten symmetrisch, d. h. in gleichem Abstand ober- und unterhalb vom nervösen Äquator liegen. Wenn das so wäre, so würden die beiden Aktionsstromwellen, die den beiden Kontraktionswellen entsprechen, gleichen Verlauf haben und im Ableitungsstrom mit

Gegenphasen interferieren, so daß sie sich aufheben. Solche Ableitungspunkte existieren aber für die Flexoren nicht, sondern man erhält immer Aktionsströme, man mag die Elektroden lokalisieren wie man will. Gerade dies beweist, daß die oben postulierten Bedingungen für die Auffindbarkeit stromloser Ableitungspunkte hier nicht verwirklicht sind. Vielmehr ist das ganze Verhalten der Ströme derart, daß die nach oben und die nach unten laufende Kontraktionswelle weder vom gleichen nervösen Äquator ausgehen kann, noch auch, daß die fibrillären Wellen im ganzen Schwarm in beiden Fällen gleiche Anordnung haben können. Daher können sich die vom oberen und unteren Muskelteil abgeleiteten doppelphasischen Stromwellen nie vollständig durch gegenphasische Interferenz aufheben, sondern müssen sich immer zu den beschriebenen komplizierten Wellenperioden zusammensetzen.

Man kann nun noch den oben bereits erbrachten Nachweis vervollständigen, daß in jedem doppelphasischen Strom die erste Phase durch Vorgänge bedingt ist, die sich in der Muskelmitte abspielen und daß die zweite Phase Prozessen an den Muskelenden entspricht. Lokalisiert man nämlich die Ableitungselektroden nahe der Muskelmitte, etwa in Punkt 2 und 3, so werden überwiegend die elektromotorischen Äquivalente der sich hier abspielenden Prozesse abgeleitet und die entsprechenden Teile der Stromkurve fallen sehr groß aus, während die Stromphasen an Größe zurücktreten, die ihre Entstehung Vorgängen an den Muskelenden verdanken (Abb. 13 und in Abb. 15 Kurve III). Das tritt auch noch bei Ableitung von den Punkten 2 und 4 insofern deutlich hervor, als die Kurvengipfel *a* und *b* stark ausgebildet sind, während *c*, verglichen mit der sogleich zu besprechenden Kurve IV (in Abb. 15), schwach ausgeprägt ist. Die Zacken *a* und *b* müssen also durch die nach oben und unten laufenden Kontraktionswellen unmittelbar nach ihrem Abgang vom nervösen Äquator und im mittleren Bereich des Muskels hervorgebracht sein. Diese Zacken sind gleichwertig mit den ersten Phasen beider doppelphasischer Aktionsströme des Muskels.

Macht man nun den entgegengesetzten Versuch, d. h. leitet man nicht von zwei Punkten der Muskelmitte, sondern von zweien, die am oberen und unteren Muskelende liegen, ab, etwa Punkt 1 und 5, so wird überwiegend das elektromotorische Äquivalent der hier sich abspielenden Prozesse im Ableitungsstrom zur Geltung kommen. Man sieht nun, daß jetzt die Kurvenzacken *c* und *d* sehr stark hervortreten (Abb. 14 und in Abb. 15 Kurve IV), während *a* und *b* relativ klein sind. Die Kurvenzacken *c* und *d* vertreten aber die zweiten Halbwellen der beiden doppelphasischen Aktionsströme des Muskels. Wenn die Größe dieser Zacken bei Ableitung von den Muskelenden also zunimmt, so beweist dies wiederum, daß der funktionelle Prozeß von der Muskelmitte aus zum oberen und unteren Muskelende hin fortgeleitet wird und somit an dem Ende später erscheint als in der Mitte.

Noch eine Bemerkung ist hier am Platze. Die komplizierten Stromperioden, die man bei Ableitung von zwei Punkten diesseits und jenseits des nervösen Äquators erhält, bieten für sich und ohne Zusammenhang mit den früher analysierten doppelphasischen Strömen betrachtet, nur das Bild eines in mehreren Oszillationen ablaufenden Stromes; man sieht die vier Wellen *a*, *b*, *c*, und *d*. Es wäre nun falsch, zu schließen, daß der Muskel auf Einzelreize durch rhythmische Tätigkeit reagiert hat. Eine solche Deutung ist ausgeschlossen, nachdem das Zustandekommen des kompliziert ablaufenden Ableitungsstromes durch Interferenz der Aktionsströme zweier entgegengesetzt laufender Kontraktionswellen erwiesen ist. Daß dem so ist, geht übrigens nicht nur daraus hervor, daß man die von Punkt 2 und 4 abgeleitete Stromperiode ohne weiteres in zwei doppelphasische Ströme von derjenigen Ablaufform zerlegen kann, wie sie bei Ableitung vom oberen und unteren Muskelabschnitt tatsächlich für sich registriert wurden, und daß man durch Zusammenfügen der beiden doppelphasischen Ströme eine komplizierte Stromperiode von der von Punkt 2 und 4 abgeleiteten Form synthetisch darstellen kann; es ist dies vielmehr auch daraus mit Sicherheit zu erkennen, daß die Dauer der vom Muskel abgeleiteten Ströme, sie mögen doppelphasisch sein oder kompliziert verlaufen, immer die gleiche ist, so daß in der Kurve die Wellenlänge stets einen Zeitwert von sehr annähernd $^1/_{50}$ Sekunde hat.

Zusammenfassend kann man aus allen bisherigen Darlegungen das folgende wohl als gesichert entnehmen:

1. In den Flexoren des Unterarmes verläuft bei Erzeugung einer Einzelzuckung durch Reizung des motorischen Nerven mit einem einzelnen Induktionsschlag von einer mittleren Muskelzone aus eine Kontraktionswelle nach oben und eine zum unteren Muskelende.

2. In der mittleren Muskelzone, dem Ursprungsort der beiden Kontraktionswellen, muß die Mehrzahl der motorischen Nervenendorgane des Muskels verdichtet beisammen liegen, so daß das Übergewicht der Erregung von hier aus zum einen und andern Muskelende weiter geleitet wird.

3. Diese mittlere Muskelzone, die die Mehrzahl oder den „Schwerpunkt" der Nervenendorgane verdichtet enthält, ist der nervöse Äquator des Muskels.

Mehr hypothetisch kann man die physiologischen Verhältnisse, die im Muskel vorliegen, noch weiter spezialisieren und kommt dann zu folgenden Vorstellungen:

1. Die Kontraktionswellen sind aufgebaut zu denken aus einer großen Zahl von einzelnen Wellen, die durch die Muskelfasern hinlaufen, und als zusammengehaltener Schwarm die Kontraktionswelle des ganzen Muskels bilden.

2. Die Verschiedenheit des elektrischen Äquivalents, die für den nach oben und den nach unten laufenden Wellenschwarm konstatiert wurde, läßt darauf schließen, daß jeder dieser beiden Schwärme die fibrillären Wellen in anderer Anordnung enthält, und zwar ist anzunehmen, daß der nach oben laufende Schwarm in jedem Zeitteilchen seines Bestehens einen ziemlich großen Längenbereich des Muskels einnimmt, daß also die fibrillären Wellen in lockerer gegenseitiger Anordnung im Schwarm enthalten sind. Damit verglichen dürften dagegen die nach unten laufenden fibrillären Kontraktionswellen einen dicht zusammengehaltenen Schwarm bilden, der in jedem Zeitteilchen seines Bestehens nur eine kurze Muskelstrecke im ganzen Längenbereich des Muskels inne hat.

3. Diesen Unterschieden in der Formierung der beiden Schwärme von Kontraktionswellen dürften ganz gleichartige Differenzen in der gegenseitigen Anordnung der Nervenendorgane in den beiden nervösen Äquatoren des Muskels entsprechen, denn es ist anzunehmen, daß alle fibrillären Kontraktionswellen gleichzeitig von deren Nervenendorganen abgehen und mit gleicher

Geschwindigkeit ablaufen; wenn das so ist, so ist die Anordnung der Wellen im Schwarm durch die Anordnung der zugehörigen Nervenendorgane im nervösen Äquator direkt bestimmt.

4. Wenn man auf diese Weise zu der Annahme zweier verschiedener nervöser Äquatoren kommt, eines für die nach oben laufenden und eines für die nach unten laufenden Kontraktionswellen gültigen, so führt zu dieser Annahme auch das eigentümliche Verhalten der doppelphasischen Ströme in den oben besprochenen Interferenzkurven. Diese lassen erkennen, daß der nervöse Äquator für die nach oben laufende Kontraktionswelle etwas unterhalb der Muskelmitte anzusetzen ist, und daß die nach unten laufende Kontraktionswelle ihren Äquator etwa an der Grenze von oberem und mittlerem Muskeldrittel haben muß.

5. Konsequenterweise wird man annehmen müssen, daß die nach oben und die nach unten laufenden Kontraktionswellen in verschiedenen Muskelfasern ablaufen.

IV. Über die Fortpflanzungsgeschwindigkeit der Kontraktionswelle.

Man kann die zeitlichen Abmessungen der doppelphasischen Muskelströme als Grundlage nehmen, um die Ablaufgeschwindigkeit der Kontraktionswelle der Größenordnung nach zu bestimmen; es ist aber anzuerkennen, daß gegen eine solche Berechnung gerade bei den Unterarmflexoren begründete Bedenken erhoben werden können, weil die Grundlagen und die Bedingungen für das Zustandekommen der doppelphasischen Ströme nicht mit wünschenswerter Vollständigkeit und in allen Einzelheiten ganz sicher theoretisch übersehbar sind und in mancher Beziehung nur einer hypothetischen und auf Vermutungen basierenden Deutung bisher zugänglich sind. Das wird im folgenden noch näher zu erörtern sein.

Wenn man die Ableitungselektroden auf die Flexoren so aufsetzt, daß man einen doppelphasischen Strom von einfacher Ablaufform erhält (Punkt 3 und 5 Abb. 10), so entspricht der Gipfelpunkt der ersten Phase oder der ersten Halbwelle ungefähr der Zeit, in der die Kontraktionswelle den Muskelquerschnitt passiert, der der oberen Elektrode zugeordnet ist. Der Gipfelpunkt der zweiten Phase dagegen entspricht ungefähr der Zeit, in der die Kontraktionswelle an der zweiten Elektrode vorüberläuft. Der zeitliche Abstand beider Kurvengipfel gibt also zwar nicht genau, aber doch annähernd die Zeit an, welche die Kontraktionswelle gebraucht, um das zwischen beiden Elektroden gelagerte Muskelstück zu durchlaufen. Wenn man diese Strecke kennt, so kann man die Fortpflanzungsgeschwindigkeit pro Sekunde berechnen. Das hatte schon Hermann[1]) getan, als er die doppelphasische Stromkurve mit Hilfe des Rheotoms darstellte. Er

---

[1]) Hermann, Pflügers Arch., Bd. 16, S. 418.

fand die Fortpflanzungsgeschwindigkeit etwa zwischen 12 und 15 m pro Sekunde liegend. Man kann ohne Schwierigkeit an den mit dem Saitengalvanometer aufgenommenen Stromkurven die Richtigkeit dieser Rechnung bestätigen. Ich[1]) finde den unkorrigierten Wert für die Geschwindigkeit nach dieser Methode gleich nahezu 10 m pro Sekunde. Diese Zahl kann aber nur die Größenordnung einigermaßen zutreffend angeben und bedarf einer Korrektur, die allerdings auch nicht zahlenmäßig genau angebbar und höchstens zu schätzen ist. Eine genaue Bestimmung des absoluten Wertes für die Fortpflanzungsgeschwindigkeit erlaubt die hier benutzte Methode nicht.

Es ist nämlich zu beachten, daß in der Kurve des Ableitungsstromes die Gipfel beider Phasen nicht etwa proportional mit der Längenänderung der Ableitungsstrecke, d. i. der von beiden Elektroden begrenzten Muskelstrecke, ihren Abstand ändern. Dies erklärt sich durch verschiedene Umstände: zunächst kommt in Betracht, daß der Ableitungsstrom schon die Resultierende zweier einphasischer Ströme ist, von denen jeder schnell an- und wieder abschwillt und welche entgegengesetzte Richtung haben (Abb. 3). Beide Ströme erreichen zu verschiedenen Zeiten ihr Maximum, d. h. die Gipfel ihrer Kurven. Aber der erste ist noch lange nicht über seinen Maximalwert hinaus, wenn der zweite bereits in umgekehrter Richtung im Anschwellen begriffen ist, und wenn der zweite sein Maximum erreicht hat, so ist der erste noch keineswegs auf 0 gesunken. Wenn man aus zwei so verlaufenden einphasischen Strömen den resultierenden doppelphasischen Strom konstruiert, so liegen hier die beiden Intensitätsmaxima, also die Gipfelpunkte der Kurve weiter auseinander als die Maxima der beiden für sich dargestellten einphasischen Ströme. (Abb. 3). Dieser durch die Interferenz bedingte und durch eine einfache Konstruktion leicht zu veranschaulichende Unterschied zwischen dem Abstand beider Gipfel der abgeleiteten Stromkurve und dem Abstand der Gipfel der beiden für sich gezeichneten einphasischen Komponenten, d. h. der Quotient beider Werte ist um so mehr von 1 entfernt, je näher die beiden Gipfel der einphasischen Ströme aneinander rücken, je kleiner also bei der Ableitung vom Muskel der Elek-

[1]) Piper, Zeitschr. für Biologie, Bd. 52, S. 111, und Pflügers Arch., Bd. 129, S. 164.

trodenabstand ist. Dabei wird die resultierende Kurve zugleich von immer kleinerer Amplitude. Man sieht hieraus, daß es kaum möglich ist, aus dem Abstand der Gipfel der doppelphasischen Ströme und aus der Elektrodendifferenz den genauen Wert für die Fortpflanzungsgeschwindigkeit der Kontraktionswelle im Muskel zu finden. Man kann nur ungefähr die Größenordnung daraus zunächst direkt finden und zu 10 m pro Sekunde angeben. Da die Gipfel der beiden einphasischen Ströme einen kleineren zeitlichen Abstand haben als die des resultierenden doppelphasischen Stroms, so ist die für den Ablauf der Kontraktionswelle benötigte Zeit tatsächlich kleiner, die Fortpflanzungsgeschwindigkeit also größer, als sie hier berechnet ist. Man kann sie mit Hermann zu 12—15 m pro Sekunde schätzen. Möglich ist auch, daß der Gipfelabstand in der doppelphasischen Welle deshalb nicht mit der Elektrodendistanz merklich variiert, weil die Richtung der Muskelfasern einen Winkel mit der Ableitungsstrecke bildet.

Als vielleicht recht bedeutsames ursächliches Moment für die Unabhängigkeit des Gipfelabstandes in der Stromkurve von der Elektrodendistanz muß aber auch in Betracht gezogen werden, daß sehr wahrscheinlich die vom nervösen Äquator abgehende Kontraktionswelle im Muskel nicht in jedem Zeitteilchen ihres Ablaufes nur einen sehr kleinen Bereich der ganzen Muskellänge einnimmt; man hat sie sich vielmehr als einen mehr oder weniger gedehnten Schwarm fibrillärer Kontraktionswellen vorzustellen, der einen endlichen Bereich der ganzen Muskellänge in jedem Augenblick einnimmt. Wenn ein solcher Schwarm bei großer Elektrodendistanz wenigstens teilweise innerhalb der Ableitungsstrecke seinen Ursprungsort hat, und auch erlischt, so muß sich dies im abgeleiteten Aktionsstrom in dem Sinne geltend machen, daß die Maxima der doppelphasischen Welle ihren Abstand nicht einfach mit der Elektrodendistanz ändern, sondern eine annähernd konstante Lage beibehalten.

Auch ist zu bedenken, daß man beim Heraufrücken der unteren Ableitungselektrode wohl im wesentlichen nur die Sehnen der Muskeln, nicht aber die unteren Teile des Muskels selbst aus der Ableitungsstrecke ausschaltet. So viel geht jedenfalls aus allem hier Angeführten hervor, daß gegen diese Methode zur Berechnung der Fortpflanzungsgeschwindigkeit der Kontraktionswelle im menschlichen Muskel begründete Einwände erhoben werden können und daß der so berechnete absolute Wert mit einiger Unsicherheit behaftet ist und nur die Größenordnung der Geschwindigkeit mit einer gewissen Annäherung angeben kann.

Es wurde gezeigt, daß der Gipfelabstand der doppelphasischen Stromwelle, die vom oberen Muskelteil abgeleitet wurde, erheblich kleiner ist, als der Gipfelabstand der weiter unten abgeleiteten Stromwelle. Es lag vielleicht nahe, hieraus zu schließen, daß entweder die nach oben laufende Kontraktionswelle sich schneller fortpflanzt als die zum unteren Muskelende gehende, oder daß sie einen kürzeren Weg zurücklegt. Das letztere nahm Hermann[1]) an. Indessen dies kann nicht richtig sein, denn dann müßte nicht nur der Gipfelabstand, sondern auch die Länge oder Dauer der oben abgeleiteten Stromwelle kleiner sein als die des unten abgeleiteten Stromes, und die Kurve beider Stromwellen müßte sich zwar mit gleicher Latenz nach dem Reiz von der Abszissenachse abheben, aber die vom oberen Muskelteil registrierte müßte einen kürzeren Abszissenbereich einnehmen, und ihre beiden Gipfelpunkte oder Wendepunkte müßten, verglichen mit den Gipfeln der zweiten, vom unteren Muskelteil abgeleiteten Welle in der Kurve beträchtlich nach dem Reizpunkt zu verschoben liegen. Beides ist nicht der Fall. Vielmehr ist die Wellenlänge beider doppelphasischer Ströme gleich und die beiden Wendepunkte der oben abgeleiteten doppelphasischen Welle liegen zwischen den Gipfelpunkten der unten abgeleiteten. Die Deutung für die Unterschiede im Verlauf beider doppelphasischer Ströme kann demnach nicht in Unterschieden der von den Kontraktionswellen zurückgelegten Weglängen und auch nicht in Differenzen der Fortpflanzungsgeschwindigkeit beider Kontraktionswellen gesucht werden; sie dürfte vielmehr, wie oben entwickelt wurde, in dem Umstand gegeben sein[2]), daß die nach unten laufende Kontraktionswelle aus einem relativ dicht zusammengehaltenen Schwarm, die nach oben laufende dagegen aus einem mehr locker formierten Schwarm fibrillärer Wellen besteht.

Es läßt sich aus den Stromkurven mit Wahrscheinlichkeit dartun, daß die Fortpflanzungsgeschwindigkeit der Kontraktionswelle unabhängig von der Intensität des funk-

[1]) Hermann, Pflügers Arch., Bd. 16, S. 49.

[2]) Piper, Verlauf und Theorie des Elektromyogrammes der Unterarmflexoren. Pflügers Arch., Bd. 129, S. 145, 1909.

tionellen Prozesses konstant bleibt. Engelmann[1]) hat in Versuchen am Sartorius des Frosches nachgewiesen, daß die Geschwindigkeit, mit der sich die Kontraktionswelle über diesen Muskel hin fortpflanzt, unabhängig ist von der die Zuckung auslösenden Reizstärke. In diesen Versuchen schrieb der Muskel seine Zuckungskurve graphisch auf, indem er mit dem einen genügend fixierten unteren Ende einen Schreibhebel durch Zug in Bewegung setzte. Der Muskel wurde einmal ganz nahe an diesem Schreibhebelende mit einem Induktionsschlag gereizt, das andere Mal am oberen Ende. In beiden Fällen findet man verschiedene Latenzzeiten, und deren Differenz ist die Zeit, welche die Kontraktionswelle gebraucht, um vom oberen bis zum unteren Reizpunkt abzulaufen. Wenn man die Länge der durchlaufenen Muskelstrecke kennt, so ist die Fortpflanzungsgeschwindigkeit pro Sekunde zu berechnen, und Engelmann fand diese je nach der Zeitdauer des Versuchs und der Art der Präparation zwischen 1,1 und 5,2 m pro Sekunde, also in erheblichem Betrage schwankend. Dabei war aber die Reizstärke ohne Einfluß auf die Ablaufgeschwindigkeit der Kontraktionswelle.

Wenn man dasselbe Problem, d. h. die Frage der Abhängigkeit der Fortpflanzungsgeschwindigkeit der Kontraktionswelle von der Reizstärke am menschlichen Muskel auf elektro-physiologischem Wege prüfen will, so kommt es darauf an, Einzelzuckungen der Flexoren von verschiedener Hubhöhe zu erzeugen. Dies geschah[2]) durch elektrische Reizung des Nervus medianus mit Induktionsschlägen von verschiedener Intensität. Die eine mit der sekundären Rolle des Induktoriums verbundene Elektrode war eine 20 $\times$ 30 cm große, mit Flanell überzogene Metallplatte und wurde auf die Haut des Rückens aufgesetzt. Die andere knopfförmige Elektrode wurde am Reizpunkt des Nervus medianus in der Bizepsfurche handbreit oberhalb der Ellenbeuge oder in der Achselhöhle angesetzt. Die letztere war die Kathode des Öffnungsinduktionsschlages. Wurde der Nerv mit Einzelschlägen gereizt, so traten Zuckungen der Flexoren ein, und der doppelphasische Aktionsstrom des Muskels kam in typischer Form zur Beobachtung. Es zeigte sich nun, daß der zeitliche Abstand beider Gipfelpunkte des Stromes einen kon-

[1]) Engelmann, Pflügers Archiv, Bd. 66, S. 574, 1897.
[2]) H. Piper, Zeitschr. für Biologie, Bd. 52, S. 41.

stanten Wert beibehält, nämlich sehr annähernd $^1/_{100}$ Sekunde und daß auch die ganze Aktionsstromwelle eine konstante Länge (Dauer) innehält, etwa $^1/_{50}$ Sekunde, ganz gleichgültig, ob Zuckungen von sehr kleiner oder von maximaler Hubhöhe durch Variierung der Reizstärke erzeugt wurden. Mit der Reizstärke änderte sich nur die Amplitude der abgeleiteten und registrierten Stromwelle. Das bedeutet, daß die Fortpflanzungsgeschwindigkeit der Kontraktionswelle in Abhängigkeit von der Reizstärke nicht variiert, sondern bei schwachen und starken Zuckungen gleichen Wert behält. Wenn also auch die Intensität des Prozesses, der sich im Bereich der Kontraktionswelle in der Muskelsubstanz abspielt und weiter geleitet wird, in ausgiebigem Maße variiert wird, so beeinflussen doch solche Intensitätsschwankungen die Geschwindigkeit der Leitung nicht merklich. Es würden also zur theoretischen Erklärung des Erregungs- und Leitungsvorganges im Muskel „nur solche Wirkungen herbeigezogen werden dürfen, deren Fortpflanzungsgeschwindigkeit unabhängig von der Intensität ist“ (Engelmann).

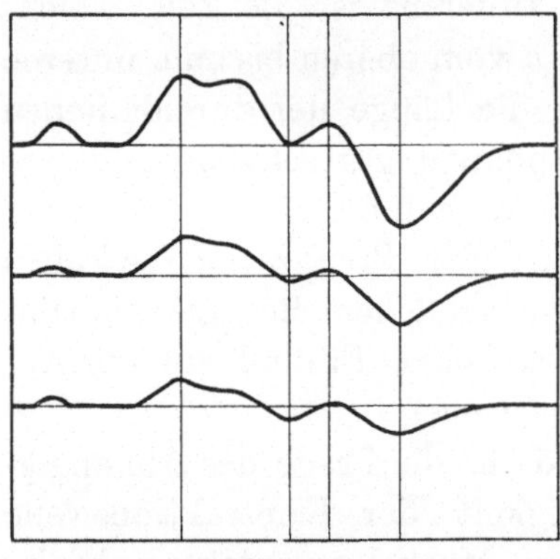

Abb. 18.
Drei Elektromyogramme der Unterarmflexoren, bei verschiedenen Reizstärken aufgenommen. Ableitung von Punkt 2 und 4 (Abb. 10). Die erste Zacke in jeder Kurve Reizeinbruch wie in Abb. 11 bis 14. Die Dauer der ganzen Aktionsstromperiode und die zeitliche Lage der Kurvenwendepunkte ist in allen drei Kurven gleich.

Ganz dieselbe Tatsache, nämlich die Unabhängigkeit der Wellenlänge des abgeleiteten Aktionsstromes und der zeitlichen Lage seiner Wendepunkte von der Intensität des Kontraktionsprozesses läßt sich auch sehr schön an den komplizierteren Stromperioden dartun, die man bei Ableitung von zwei Punkten erhält, die zu beiden Seiten des nervösen Äquators (Punkt 2 und 4, siehe Abb. 10) liegen. Auch in diesem Falle behalten die Wendepunkte der abgeleiteten Stromkurven ihren Abstand unverändert bei, wenn bei konstanter Lage der Elektroden die Reizstärke und abhängig davon die Hubhöhe der Muskelzuckungen beliebig variiert wird. Wie Abb. 8 zeigt[1]),

[1]) H. Piper, Pflügers Archiv, Bd. 129, S. 165.

ändert sich nur die Amplitude der Stromwellen, die Wendepunkte aller Kurven liegen aber über Abszissenorten, die, vom Reizmoment ab gerechnet, gleichen Zeitwert haben.

Aus Beobachtungen von Ranvier[1]), Kronecker und Stirling[2]), Grützner[3]) und seiner Mitarbeiter ist bekannt, daß die roten und weißen Muskeln beträchtliche Unterschiede der Geschwindigkeit des Erregungsablaufes und der zeitlichen Verhältnisse der Zuckungen bieten. Fischer[4]) zeigte insbesondere durch graphische Registrierung, daß die Zuckung des roten Soleus des Kaninchens, der Katze und Ratte etwa doppelt solange dauert wie die des weißen Musc. gastrocnemius, und daß die Erregung in den roten Fasern viel langsamer abläuft, als in den weißen. Man kann dasselbe in ganz sicherer Weise auch dadurch dartun, daß man die zeitlichen Verhältnisse des Aktionsstromverlaufes bei Zuckungen beiderlei Muskelarten vergleicht. Kohlrausch[5]) hat im Berliner physiologischen Institut den Gastrocnemius und Soleus des Kaninchens und der Katze freigelegt, die motorischen Nerven präpariert und durch Reizung derselben mit einzelnen Öffnungsinduktionsschlägen Zuckungen der beiden Muskeln erzeugt. Die Aktionsströme wurden mit unpolarisierbaren Elektroden zum Saitengalvanometer abgeleitet und registriert. Der Elektrodenabstand betrug in diesen Versuchen etwa 15 mm. Abb. 20 zeigt nach Kohlrausch einen doppelphasischen Aktionsstrom vom roten Soleus, Abb. 19 einen ebensolchen vom Gastrocnemius des Kaninchens. Man sieht sofort, daß die Wellenlänge des vom roten Muskel erhaltenen Aktionsstromes beträchtlich größer ist, als die des weißen, und zwar etwa im Verhältnis 4:3. Ebenso ergibt die Ausmessung der Gipfelabstände beider Stromwellen für den roten Muskel einen beträchtlich größeren Wert als für den weißen. Auch hier ist das Verhältnis etwa 4:3, und in diesem Zahlenverhältnis würden vermutlich auch die Fort-

---

[1]) Ranvier, Arch. d. physiol. norm. et. pathol., VI, 1874.

[2]) Kronecker u. Stirling, Arch. f. Physiologie, 1878, S. 1.

[3]) Grützner, Breslauer Ärztl. Zeitschr., 1883, Nr. 18 und 1887, Nr. 1; Bonhöffer, Pflügers Arch., Bd. 47, S. 125, 1890; Schott, ebenda, Bd. 48, S. 354, 1891; Oßwald, ebenda, Bd. 50, S. 215, 1891.

[4]) Fischer, ebenda, 1908, Bd. 125.

[5]) Kohlrausch, noch nicht publiziert. Erscheint in Rubners Archiv für Physiologie 1912.

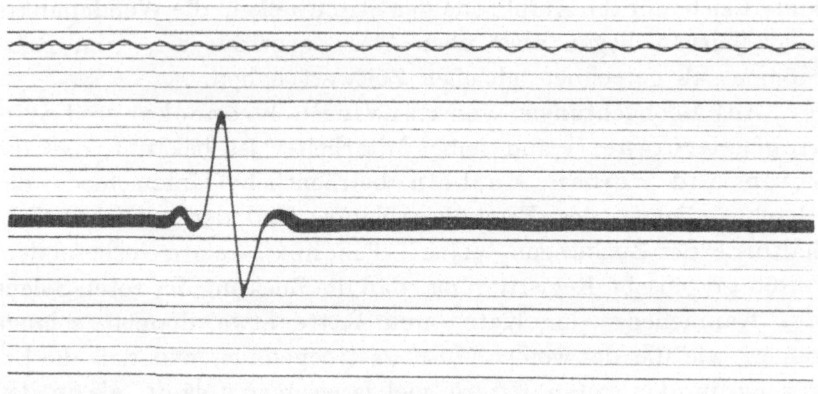

Abb. 19.
Aktionsstrom vom weißen Musc. Gastrocnemius des Kaninchens bei Reizung des motorischen Nerven mit einem einzelnen Induktionsschlag und Ableitung vom Muskel mit einer Elektrodendistanz von 15 mm. (Nach Kohlrausch.) Stimmgabel: 250 Schwingungen pro Sekunde.

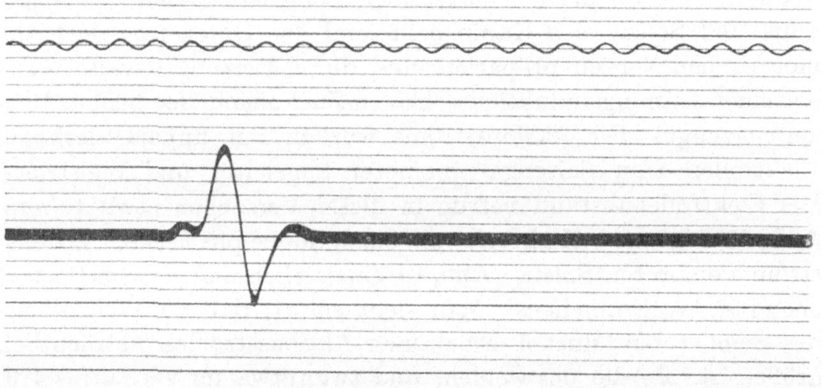

Abb. 20.
Dasselbe vom roten Musc. soleus. Längere Dauer des Aktionsstroms und größere Zeitdistanz der Gipfelpunkte, als in Abb. 19. (Nach Kohlrausch.)

pflanzungsgeschwindigkeiten der Kontraktionswellen zueinander stehen.

Vergleiche der doppelphasischen Ströme vom Gastrocnemius und Soleus der Katze führen zu demselben Ergebnis wie beim Kaninchen. Der Vergleich der Abb. 21 und 22 zeigt auf das deutlichste den Unterschied in den zeitlichen Verhältnissen des Erregungsablaufes zwischen roten und weißen Muskeln. Mißt man die Gipfelabstände der doppelphasischen Stromkurven aus, die vom roten und weißen Muskel bei 20 mm Elektroden-

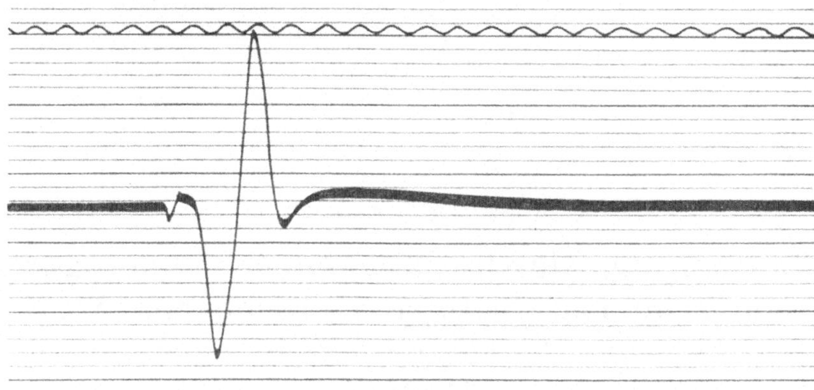

Abb. 21.
Aktionsstrom bei Einzelzuckung des weißen Musc. Gastrocnemius der Katze. Elektrodendistanz 20 mm. (Nach Kohlrausch.)

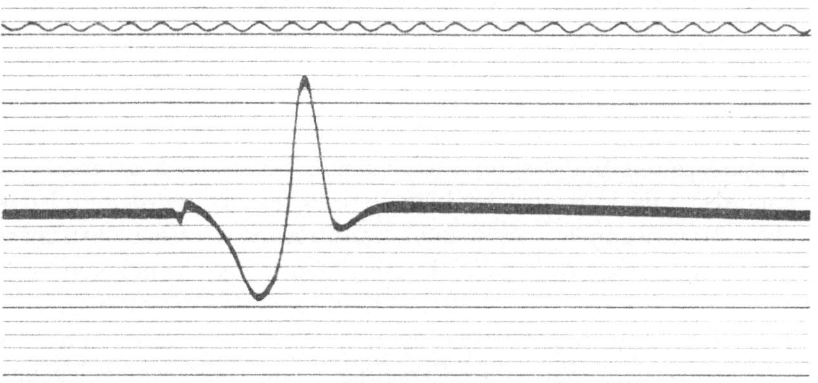

Abb. 22.
Dasselbe. Roter Musc. Soleus der Katze. Elektrodendistanz 20 mm. Erheblich längere Dauer und größerer Gipfelabstand der Stromperiode, als in Abb. 21. (Nach Kohlrausch.)

abstand aufgenommen sind, so ist auch hier das Verhältnis etwa 4:3. Der Wellenlängenunterschied ist aber noch beträchtlich größer. Das Verhältnis ist hier etwa 3:2. Die relative Trägheit der roten Muskeln kommt also in diesen Messungen ganz eklatant zum Vorschein.

V. Über die Geschwindigkeit der Erregungsleitung im markhaltigen menschlichen Nerven und über die Latenzzeit einiger menschlicher Reflexe.

Man kann die Methode der Registrierung der Muskelströme dafür nutzbar machen, um die Geschwindigkeit der Erregungsleitung im motorischen Nerven zu finden. Die früheren Untersuchungen über die Leitungsgeschwindigkeit in den Nerven der Warmblüter, insbesondere des Menschen, haben zu keinen genügend sicheren und übereinstimmenden Werten geführt. Helmholtz[1]) suchte diese Frage zuerst dadurch zu lösen, daß er die Reaktionszeiten maß, einmal wenn eine Hautstelle sehr nahe am Kopf, also mit kurzem sensiblen Nerven gereizt wurde, und das andere Mal, wenn ein weit vom Zentralnervensystem entfernter Punkt am Arm als Reizstelle diente. Wenn man annehmen darf, daß in beiden Fällen die zentrale Leitungszeit übereinstimmt, so kommt die Differenz der gefundenen Werte auf Rechnung des größeren Weges, den die Erregung vom entfernt gelegenen Reizpunkt zurückzulegen hat. Man findet also auf diese Weise die Leitungszeit für die Nervenstrecke, um die der lange den kurzen sensiblen Nerven an Länge übertrifft. Helmholtz fand nach dieser Methode die Leitungsgeschwindigkeit im sensiblen Nerven zu etwa 60 m in der Sekunde, betont aber die große Unsicherheit, die dem so berechneten Wert anhaftet und hebt hervor, daß man ganz außerordentlich variable Werte für die Reaktionszeit findet und daß die Variabilität für die Differenz der beiden Reaktionszeiten, die die Grundlage der Rechnung bildet, noch beträchtlich größer sei. Andere Forscher haben

---

[1]) Helmholtz, Vortrag in der physiol.-ökonom. Gesellsch. z. Königsberg, 13. Dez. 1850 (nach Hermanns Handbuch d. Physiologie, Bd. 2, S. 18).

nach der gleichen Methode die Leitungsgeschwindigkeit zu bestimmen gesucht, finden aber vielfach Werte, die ganz erheblich von den Helmholtzschen abweichen. Hirsch[1]) berechnet 30 m Leitungsgeschwindigkeit aus Versuchen, in denen die Differenz der Reaktionszeiten bei Reizung an Hand und Fuß zugrunde gelegt wurde. Schelske[2]) reizte in der Leistengegend und am Fuß und versuchte wiederum aus der Differenz der Weglängen der sensiblen Nerven und aus der Differenz der Reaktionszeiten die Geschwindigkeit der Nervenleitung zu finden. Sein Wert ist 25—32,6 m pro Sekunde, und nahe bei diesen liegen die Werte von Donders[3]), der 26 m fand, und von Wittich[4]), der 34—44 m angibt. Kohlrausch[5]) dagegen kommt zu viel höheren Zahlen. Er berechnet aus Reaktionsversuchen Werte, die zwischen den sehr weit auseinanderliegenden Zahlen 56 und 225 m pro Sekunde bei verschiedenen Versuchspersonen schwanken, im Mittel aber etwa 94 m ergeben. Oehl[6]) kommt wieder auf Werte von 32 m und ebenso Kiesow[7]), der 30—33 m im Mittel findet.

Wenn man diese ganz erheblich voneinander abweichenden Zahlen überblickt, und noch mehr, wenn man die Zahlenreihe sich ansieht, aus denen diese Mittelwerte erst abgeleitet worden sind, so kommt man wohl sicher zu der Überzeugung, daß man aus Messungen der Reaktionszeiten bei Reizung verschieden weit vom Gehirn abliegender Reizpunkte zu keinem sicheren Ergebnis kommen kann. Helmholtz, den seine nach dieser Methode unternommenen Versuche nicht befriedigten, betont mit Recht, daß die große Variabilität der Werte hauptsächlich darauf be-

---

[1]) Hirsch, Moleschotts Untersuchungen, Bd. 9, S. 183.

[2]) Schelske, Arch. f. Anat. und Physiol., 1864, S. 141.

[3]) Donders, Arch. f. Anat. und Physiol., 1868, S. 657.

[4]) von Wittich, Zeitschr. f. ration. Medizin, 1868, Bd. 31, S. 87.

[5]) Kohlrausch, Zeitschr. f. ration. Medizin, Bd. 28, S. 190, 1866; Bd. 31, S. 410. 1868.

[6]) Oehl, Fasola et Predigeri, Sur la vélocité de transmission de l'excitation dans les fibres sensitives de l'homme. Arch. ital. de Biologie t. 17 p. 400. 1892. — Oehl, L'influence de la chaleur sur la vélocité de transmission de l'excitation dans les nerfs sensitives de l'homme. Arch. ital. de Biologie t. 21 p. 401.

[7]) Kiesow, Contribution à l'étude de la vélocité de propagation du stimulus dans les nerfs de l'homme. Arch. ital. de Biologie t. 40 p. 273.

ruht, daß ein großer Bruchteil der direkt gemessenen Zeit immer die Leitungszeit durch die zentralen Ganglienmassen darstellt. Diese Zeit ist aber recht variabel, und es ist kein Wunder, daß man auch durch Berechnung des Mittelwertes aus sehr zahlreichen Beobachtungen die großen Schwankungen der für die Leitungsgeschwindigkeit sich ergebenden Zahlen nicht genügend ausgleichen kann. Besonders beachtenswert ist, daß gar nicht selten die Reaktionszeit bei Reizung des weiter abliegenden sensiblen Punktes kürzer ausfällt, als diejenige, die man bei Reizung des kurzen sensiblen Nerven mißt. Dieses Versuchsresultat würde negative Werte für die Fortpflanzungsgeschwindigkeit im Nerven ergeben und diese sind natürlich unmöglich; gerade solche Versuche demonstrieren aber ganz eklatant die Unzulänglichkeit dieser Methode für die Auswertung der Geschwindigkeitsgröße der Nervenleitung.

In Erkenntnis dieser Sachlage verließen Helmholtz und Baxt[1]) diese Methode und gingen dazu über, dasjenige Verfahren für die Leitungsmessung auf den Menschen zu übertragen, das am Nervus ischiadicus des Frosches zu unzweideutigen Ergebnissen geführt hatte. Die Verdickung der Muskeln des Daumenballens wurde graphisch registriert, während der Nervus medianus einmal am Handgelenk, das andere Mal am Oberarm oder in der Achselhöhle mit einem Induktionsschlag gereizt wurde. Die Zeit, die vom Augenblick der Reizung bis zum Beginn der Muskelverdickung vergeht, wurde in beiden Fällen verschieden gefunden, und zwar war sie größer, wenn der Reizpunkt des motorischen Nerven weiter vom Muskel ablag. Aus der Differenz der Latenzzeiten und aus der Differenz der Nervenstrecken, vom Reizpunkt bis zum Muskel gerechnet, war die Fortpflanzungsgeschwindigkeit pro Sekunde zu berechnen und wurde in den ersten Versuchen etwa zu 33,9 m im Mittel angegeben. Helmholtz und Baxt[2]) nahmen später (1870) ihre Versuche wieder auf und fanden zunächst ähnliche Werte wie früher. Später aber er-

---

[1]) Helmholtz und Baxt, Über die Fortpflanzungsgeschwindigkeit der Reizung in den motorischen Nerven des Menschen. Monatsbr. der kgl. preuß. Akademie der Wissensch. 1867, S. 228

[2]) Helmholtz und Baxt, Neue Versuche über die Fortpflanzungsgeschwindigkeit der Reizung in den motorischen Nerven des Menschen. Monatsbr. der kgl. preuß. Akademie der Wissensch. 1870, S. 184.

gaben sich beträchtlich höhere Geschwindigkeiten, im Mittel etwa 64 m pro Sekunde. Durch Abkühlung des Armes ließ sich die Leitung bis auf 36 m pro Sekunde herabsetzen, durch Erwärmung beträchtlich steigern, in einer Versuchsreihe bis zu 47 m, in einer anderen bis 56,8, und in wieder einer anderen sogar bis 89,4 m pro Sekunde. In ihren ersten Versuchen glaubten Helmholtz und Baxt, wenn auch unsicher festgestellt zu haben, daß die Leitungsgeschwindigkeit im Vorderarm etwas größer sei als im Oberarm. In den späteren Versuchen dagegen fand sich umgekehrt die Geschwindigkeit im oberen Nerventeil größer als im unteren.

Die Versuche von Helmholtz und Baxt sind des öfteren wiederholt worden. Oehl[1]) findet die Leitungsgeschwindigkeit des Nervus radialis von der Temperatur abhängig; bei Erwärmung findet er 50 m, bei Abkühlung im Mittel 25 m pro Sekunde. Für die normale Körpertemperatur gibt er den Wert zu 30 m pro Sekunde an. Zu beträchtlich höheren Zahlen kam aber Alcock.[2]) Er reizte den Nervus medianus oberhalb der Clavicula und in der inneren Bizepsfurche und registrierte den Fingerdruck, der bei den Zuckungen der Fingerbeuger auf eine Luftkapsel ausgeübt wurde. Die Geschwindigkeit der Erregungsleitung im Nerven findet er = 66,8 m pro Sekunde.

Man sieht, daß auch alle Versuche, in denen die mechanische Zustandsänderung eines Muskels als Indikator für den Reizerfolg benutzt wurde, nicht zu befriedigend konstanten Werten für die Geschwindigkeit der Erregungsleitung im menschlichen Nerven geführt haben. Dabei wird man kaum annehmen, daß die Geschwindigkeit tatsächlich so variabel ist, wie es die so gemessenen Zeiten anzugeben scheinen, sondern man wird vermuten, daß die Methode keine genauen Bestimmungen erlaubt. Man kann nun zu sehr viel sichereren und weniger variablen Zahlen kommen, wenn man nicht die Latenzzeit der mechanischen Zustandsänderung des Muskels, gerechnet vom Reizmoment ab, ausmißt,

---

[1]) Oehl, Nouvelles expériences touchant l'influence de la chaleur sur la vélocité de transmission du mouvement nerveux chez l'homme. Arch. ital. de Biologie t. 24, p. 231, 1895.

[2]) Alcock, On the rapidity of the nervous impulse in tall and short individuals. Proceedings Roy. Soc. London vol. 72 und Journ. of Physiology vol. 30, p. 25.

sondern die Latenzzeit der elektromotorischen Reaktion. Diese Versuche habe ich ausgeführt[1]).

Es wurden die doppelphasischen Ströme der Unterarmflexoren (von Punkt 3 und 5 Abb. 10) in ganz derselben Weise zum Saitengalvanometer abgeleitet und registriert, wie es oben beschrieben wurde. Der Nervus medianus wurde einmal handbreit oberhalb der Ellenbeuge im Sulcus bicipitis internus, das andere Mal in der Achselhöhle gereizt; der Abstand beider Reizpunkte betrug etwa 16 cm. Dies ist wenigstens der Abstand der beiden Hautstellen, an denen die Elektroden angesetzt wurden. Diese Hautstellen dürften aber sehr annähernd den Punkten entsprechen, an denen der Reizstrom in den Nerven einbricht, denn wenn man die Reizelektrode nur sehr wenig von dem Punkt über dem Nerven verschiebt, gelingt es nicht mehr, mit den hier angewendeten Reizstärken eine Zuckung des Muskels zu erzielen. Für die Reizung wurde eine große plattenförmige Elektrode auf die Haut des Rückens gesetzt und eine kleine knopfförmige auf den Reizpunkt des Nerven. Die letztere war, wie in den früheren Versuchen, die Kathode des Öffnungsinduktionsschlages.

Wenn man die Latenzzeit zwischen Reizmoment und dem Beginn der elektromotorischen Muskelreaktion ausmessen will, so müssen die beiden Punkte, die diese Zeiten in den Kurven angeben, genau zu bestimmen sein. Es ist nun ein großer Vorteil der von mir angewandten Methode, daß beide Zeiten in den Kurven mit großer Genauigkeit festgestellt werden können. In jeder Kurve verzeichnet sich der Reizmoment ohne weiteres, da der Öffnungsinduktionsschlag eine Induktion auf den Galvanometerstromkreis ausübt, so daß die Saite des Galvanometers momentan zum Ausschlag gebracht wird. So markiert sich in den Kurven der Reiz kurz vor Beginn des Muskelstromes in Form einer kleinen Zacke, und der Punkt, in dem diese Zacke sich von der Abszissenachse abzuheben beginnt, ist der Reizmoment. Da das Saitengalvanometer praktisch ohne Latenz auf durchgeleitete Stromstöße reagiert, so verzeichnet sich die Zeit der Reizung auf diese Weise mit größter Genauigkeit. Der Be-

[1]) H. Piper, Über die Leitungsgeschwindigkeit im markhaltigen menschlichen Nerven. Pflügers Arch. Bd. 124, S. 591. — Weitere Mitteilungen über die Geschwindigkeit der Erregungsleitung im markhaltigen menschlichen Nerven Pflügers Archiv Bd. 127, S. 474.

ginn der Muskelreaktion ist durch den Punkt in der Kurve angegeben, in dem die doppelphasische Aktionsstromkurve sich von der Abszissenachse abzuheben beginnt. Auch dieser Punkt läßt sich mit großer Genauigkeit in den Kurven festlegen.

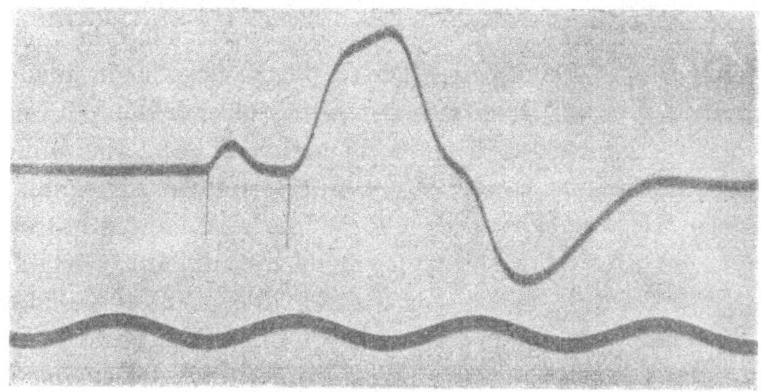

Abb. 23.
Doppelphasischer Aktionsstrom der Unterarmflexoren. Reizung des Nervus ulnaris in der Bicepsfurche mit einem Öffnungsinduktionsschlag. Erste Kurvenzacke durch Reizeinbruch bewirkt. Das Intervall zwischen Reiz und Beginn des Aktionsstromes ist durch zwei senkrechte Markierungsstriche abgegrenzt. Stimmgabel 100 Schwingungen pro Sekunde.

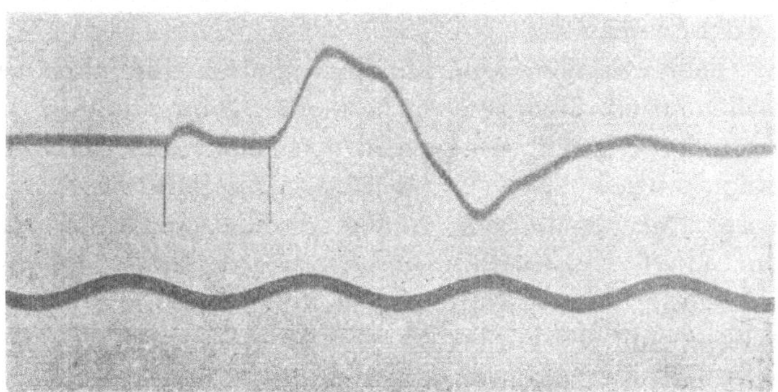

Abb. 24.
Wie Abb. 23. Nur wurde der Nervus ulnaris in der Achselhöhle gereizt. Das Intervall zwischen Reiz und Beginn des Aktionsstromes ist beträchtlich größer als in Abb. 23.

Bei diesen Messungen findet sich nun, daß das Zeitintervall zwischen Reiz und Beginn der Muskelreaktion stets größer ist bei Reizung in der Achshöhle als bei Reizung in der Bizepsfurche. Die Differenz dieser beiden Latenzzeiten ist die Zeit, welche die Leitung der Erregung durch die zwischen beiden Reizpunkten gelegene, etwa 16 cm lange Nervenstrecke erfordert. Daraus ist die Leitungsgeschwindigkeit pro Sekunde ohne weiteres zu berechnen.

Wenn der Nervus medianus in der Bizepsfurche mit starken Öffnungsschlägen gereizt wurde, so ergab sich das zwischen Reizmoment und Beginn der Muskelreaktion verstreichende Zeitintervall gleich 0,0044 Sekunden. Dieser Wert fand sich mit großer Konstanz in weitaus den meisten Kurven und die Abweichung nach oben und unten betrug nicht mehr als $^{1}/_{10000}$ Sekunde. Bei Reizung des Nerven in der Achselhöhle mit den gleichen Reizintensitäten ist die Latenz vom Reiz bis zum elektromotorischen Reizerfolg im Muskel im Mittel 0,0057 Sekunden. Der kleinste überhaupt gefundene Wert war 0,0056, der größte 0,0058 Sekunden. Die Differenz der beiden Latenzzeiten, deren eine bei Reizung des Nerven in der Bizepsfurche, und deren zweite bei Reizung in der Achselhöhle gemessen wurde, beträgt 0,0013 Sekunden. Das ist die Zeit, welche die Leitung der Nervenerregung für den Weg vom oberen bis zum unteren Reizpunkt, d. h. für eine Nervenstrecke von etwa 16 cm beansprucht. Die Fortpflanzungsgeschwindigkeit pro Sekunde ist danach zu 123 m zu berechnen.

Die Zeit zwischen Reizmoment und Beginn der elektromotorischen Muskelreaktion enthält vier Summanden. 1. Die Latenzzeit des Nerven. Diese dürfte so klein sein, daß sie vernachlässigt werden darf. 2. Die Leitungszeit im Nerven, 3. die Latenz der Nervenendorgane und 4. die Latenzzeit der Muskelsubstanz. In der oben durchgeführten Berechnung der Nervenleitungsgeschwindigkeit wird angenommen, daß die eigentliche Muskellatenz und die Latenz der Nervenendorgane, also die Zeit, die vom Eintreffen der Nervenerregung im Muskel bis zum Beginn der Muskelreaktion verstreicht, konstant ist, gleichgültig ob in der Bizepsfurche oder in der Achselhöhle gereizt worden ist. Zu dieser Annahme ist man fraglos berechtigt, wenn die Reizstärken so gewählt sind, daß die Zuckungen immer maximal sind und daß auch die vom Muskel abgeleiteten Stromwellen maximale Amplitude haben. Das war in den Reizversuchen, die der obigen Berechnung zugrunde liegen, der Fall.

Man kann aus dem Zeitintervall, das zwischen Nervenreizung und Muskelreaktion verstreicht, und aus den berechneten Werten für die Leitungsgeschwindigkeit des Nerven die eigentliche Latenz der Nervenendorgane und der Muskelsubstanz finden. Setzt man die Nervenstrecke vom Reizpunkt in der Bizepsfurche bis zu den Nervenendorganen in den Unterarmflexoren = 10 cm an, so würde die Nervenerregung diesen Weg in 0,000833 Sekunden zurücklegen, bei Annahme der Leitungsgeschwindigkeit zu 120 m. Nun verstrichen aber bei Reizung des Nervus medianus in der Bizepsfurche im Mittel 0,0044 Sekunden bis zum Beginn der Muskelreaktion. Zieht man von diesem Wert die Nervenleitungszeit 0,000833 ab, so erhält man die Latenz der Nervenendorgane plus der des Muskels und findet diese gleich 0,003587 Sekunden.

Eine weitere Frage ist die, ob die Latenz des Muskels bei Variierung der auf den Nerven wirkenden Reizintensität konstant bleibt oder nicht. Tigerstedt[1]) fand in Versuchen an Froschmuskeln, daß bei direkter Reizung, also nicht vom Nerven aus, die Latenz nur bei maximaler und übermaximaler Reizung konstant war, daß sie aber bei submaximaler Reizung um so länger wurde, je schwächer der Reiz und je kleiner die Hubhöhe des Muskels war. Ob dasselbe bei indirekter Reizung vom Nerven aus gilt, ist nicht einwandfrei festgestellt. Tigerstedt hält dies aber für wahrscheinlich. Ich habe diese Frage für die vom Nervus medianus innervierten menschlichen Muskeln zu beantworten gesucht. Es handelte sich also darum, festzustellen, ob bei Reizung des Nerven das zwischen Nervenreiz und elektromotorischer Muskelreaktion verstreichende Zeitintervall — also Nervenleitungszeit + Latenzzeit der Nervenendorgane + Latenz der Muskelsubstanz — mit der Reizstärke variiert oder konstant bleibt. Bleibt es konstant, so muß man schließen, daß jedes der drei Glieder dieser Summe einen von der Reiz- und Erregungsstärke unabhängigen Wert hat. Speziell den Nerven betreffend wäre zu schließen, daß er starke und schwache Impulse gleich schnell leitet. Variiert dagegen das in den Kurven ausmeßbare Zeitintervall abhängig von der Reizstärke, so bleibt zunächst noch fraglich, welcher der drei Summanden, die in dieser Zeit enthalten sind, variiert, ob die

[1]) Tiegerstedt, Untersuchung über die Latenzdauer der Muskelzuckung in ihrer Abhängigkeit von verschiedenen Faktoren. Arch. f. Physiologie 1885, Suppl., S. 162, 170 und 225.

Geschwindigkeit der Nervenleitung oder die Latenz der Nervenendorgane oder die Latenz der Muskelsubstanz. Ob die Nervenleitung verschieden schnell vor sich geht, läßt sich entscheiden, wenn festgestellt wird, ob bei Reizung des Nerven am unteren Reizpunkt in der Bizepsfurche das Intervall zwischen Reiz- und Muskelreaktion in demselben Maße wie bei Reizung in der Achselhöhle abhängig von der Reizstärke variiert. Ist das der Fall, so ist die Differenz der beiden Zeitintervalle, die in den Kurven ausgemessen werden, bei schwachen Reizungen ebenso groß wie bei starken. Mithin ist die Leitungszeit in der 16 cm langen Nervenstrecke in beiden Fällen gleich und die Leitungsgeschwindigkeit eine von der Erregungsstärke unabhängige Konstante des Nerven. Es stände also dann allein noch zur Diskussion, ob die Latenzzeit der Nervenendorgane und der Muskelsubstanz abhängig von der Erregungsstärke variiert.

Die Versuche ergaben, daß man bei Reizung des Nerven in der Achselhöhle die Reizstärke in weiten Grenzen variieren kann, ohne daß das Zeitintervall sich ändert, welches zwischen Reiz und Beginn des elektromotorischen Vorgangs im Muskel eingeschaltet liegt. Es behält eine zwischen 0,0056 und 0,0058 Sekunden liegende Dauer, wenn auch die Höhe der Zuckung und die Amplitude der abgeleiteten Stromwelle stark variiert. Die Leitungsgeschwindigkeit im Nerven erweist sich also als in weiten Grenzen von der Stärke des Reizes unabhängig.

Nur bei ganz niedrigen schwellennahen Reizstärken, die minimale Zuckungen auslösen und Stromwellen von ganz kleiner Amplitude im Gefolge haben, nimmt manchmal das Intervall bis zum Werte von 0,006 Sekunden zu. Es fragt sich, ob diese Tatsache auf eine Verlängerung der Latenz im Muskel oder auf eine Verzögerung der Leitung im Nerven zu beziehen ist. Dies läßt sich entscheiden durch den Vergleich mit analogen Reizversuchen von der Bizepsfurche aus. Reizt man von hier aus den Nerven, so verstreichen bei starken, mittelstarken und ziemlich schwachen Reizen zwischen physikalischer Einwirkung und Beginn der Muskelreaktion Zeitintervalle, die unabhängig von der Reizstärke konstant einen zwischen 0,0043 und 0,0045 liegenden Wert beibehalten. Nur bei ganz minimalen Reizstärken beobachtet man manchmal das Ansteigen dieses Intervalls bis auf Werte von 0,0048, ja sogar 0,005 Sekunden. Das ist also ganz dieselbe Erscheinung, die festgestellt wurde, wenn der Nerv in der Achselhöhle durch schwellennahe Reize in Erregung versetzt wurde.

Legt man der Berechnung der Leitungsgeschwindigkeit immer je zwei Reizintervalle zugrunde, von denen das eine bei Reizung in der Bizepsfurche, das andere bei Reizung in der Achselhöhle erhalten wurde, so wird man die Differenz beider Werte unter der Bedingung konstant finden, nämlich 0,0013 Sekunden, wenn man nur solche Werte miteinander in Beziehung bringt, die Versuchen mit gleichen Reizstärken entsprechen. Daraus ergibt sich, daß die Leitungsgeschwindigkeit des Nerven in der zwischen beiden Reizpunkten liegenden 16 cm langen Strecke unabhängig von der Reizstärke konstant ist; der Nerv leitet starke und schwache Impulse gleich schnell.

Es bleibt nun noch zu erwägen, ob die manchmal zu beobachtende Verlängerung des zwischen Reiz und Muskelreaktion liegenden Zeitintervalles bei schwellennahen Reizungen auf einer Dehnung der Latenz des Muskels und der Nervenendorgane beruht, oder ob dies vorgetäuscht sein kann. Hier ist nun hervorzuheben, daß es nicht möglich ist, bei sehr flachen Stromkurven den Punkt mit genügender Genauigkeit festzustellen, in dem sich die Kurve von der Abszissenachse abzuheben beginnt. Es ist sehr wohl möglich, daß auf diese Weise eine nur scheinbare Verlängerung des Intervalles zwischen Reiz und Beginn der Muskelreaktion bei schwellennahen Reizungen zustande kommt. Man wird um so mehr dieser Auffassung zuneigen, weil man gar nicht selten auch bei schwellennahen Reizungen Latenzzeiten findet, die von den bei starken Reizungen ausgemessenen nicht abweichen. Immerhin bleibt eine Verlängerung der Latenz des Muskels und der Nervenendorgane bei sehr schwachen Reizungen möglich, wenn sie auch nicht erwiesen ist.

Das Ergebnis, daß die Nervenleitung unabhängig von der Stärke der Erregung gleiche Geschwindigkeit beibehält, stimmt überein mit den Resultaten, die du Bois-Reymond[1]) und Engelmann[2]) am motorischen Nerven des Frosches, und

---

[1]) du Bois-Reymond, Über die Geschwindigkeit der Nervenleitung. Arch. f. Physiologie 1900, Suppl., S. 68.

[2]) Engelmann, Graphische Untersuchungen über die Fortpflanzungsgeschwindigkeit der Nervenerregung. Arch. f. Physiologie 1901, S. 1.

Nikolai[1]) am Riechnerven des Hechtes erhalten haben. Es dürfte sich also um einen Vorgang im Nerven handeln, der, einmal ausgelöst, sich mit einer vom Nerven allein bestimmten Geschwindigkeit ausbreitet.

Daß die Temperatur die Geschwindigkeit der Erregungsleitung zu variieren vermag, ist für den Ischiadicus des Frosches eine durch viele Versuche gesicherte Beobachtung. Ob freilich die mit dem Wechsel der Jahreszeit einhergehenden Schwankungen der Eigentemperatur der menschlichen Gliedmaßen genügen, um die Leitungsgeschwindigkeit des tief in den Geweben eingebetteten Nerven in solchem Maße zu beeinflussen, wie Helmholtz und Baxt[2]) annehmen, scheint mir sehr fraglich. Helmholtz und Baxt fanden ja in den ersten im Winter angestellten Versuchen einen Mittelwert von 30—33 m, in den späteren Sommerversuchen etwa 60 m Leitungsgeschwindigkeit. Vielleicht sind doch auch diese Differenzen darauf zurückzuführen, daß die Versuchsmethodik hier ihren Dienst versagt, daß also die Registrierung der mechanischen Zustandsänderung des Muskels keine hinlänglich konstanten Ergebnisse liefern kann, die eine sichere Berechnung der Leitungsgeschwindigkeit des menschlichen Nerven erlauben.

Hoffmann[3]) hat die Untersuchung im Berliner physiologischen Institut weiter ausgedehnt auf die Frage nach den Zeiten, die einfache Reflexe, der Patellarsehnenreflex und der Achillessehnenreflex, vom Reiz bis zum Beginn der Muskelreaktion benötigen. Hier litt früher die Methodik an denselben Mängeln, die eine richtige Bestimmung der Leitungsgeschwindigkeit im Nerven unmöglich machte. Man war auch hier auf die mechanische Registrierung der Muskelkontraktion angewiesen und diese gab für die Reflexzeiten ebenso unsichere und schwankende Werte, wie für die Nervenleitungszeiten. Indem Hoffmann den Beginn der elektromotorischen Reaktion des Muskels und nicht der mechanischen Zustands-

[1]) Nicolai, Über Ungleichförmigkeiten in der Fortpflanzungsgeschwindigkeit des Nervenprinzips nach Untersuchungen am marklosen Riechnerven des Hechtes. Arch. f. Physiologie 1905, Suppl., S. 341.

[2]) l. c. 1871.

[3]) Hoffmann, Beiträge zur Kenntnis der menschlichen Reflexe mit besonderer Berücksichtigung der elektrischen Erscheinungen. Rubners Arch. f. Physiologie 1910, S. 223.

änderung für die Ausmessung der Reflexzeiten benutzte, kam er zu sehr viel konstanteren Zahlen. Wertheim-Salomonsohn[1]) hatte vorher bereits diese Methode auf das gleiche Problem angewandt.

Wenn man die Reflexzeiten vom Reiz bis zur beginnenden Muskelreaktion rechnet, so sind in dieser eine ganze Reihe von Summanden enthalten: die Latenz der Sinnesorgane, die Leitungszeit durch den sensiblen und motorischen Nerven und die Zeit für die Durchleitung durch das Rückenmark und endlich die Latenz des Muskels. Von besonderem Interesse ist es, die Zeit zu berechnen, welche die Erregung benötigt, um die kurze Strecke durch das Rückenmark zu durchlaufen. Es war früher unmöglich, diesen Wert richtig zu finden, weil für die Geschwindigkeit der Nervenleitung falsche, nämlich viel zu niedrige Werte angenommen wurden, und weil auch für die Latenz des Muskels keine sicheren Werte festgelegt waren.

Die experimentelle Aufgabe besteht zunächst darin, die Zeit der Reizung und die Zeit der Muskelreaktion genau zu registrieren. Die letztere wird durch den Beginn des Ausschlages des Saitengalvanometers vollkommen exakt angegeben, wenn man den Aktionsstrom des reflektorisch kontrahierten Muskels registriert. Um den Reiz zu markieren, verfuhr Hoffmann bei der Aufzeichnung des Patellarsehnenreflexes folgendermaßen: Ein Holzstab wurde um eine mittlere Achse drehbar senkrecht so aufgestellt, daß sein Schatten sich neben dem Projektionsbild der Galvanometersaite mit dem Spalt der Registriervorrichtung kreuzte. Am unteren Ende dieses Stabes war ein Querholz angebracht und dieses lag der Patellarsehne der Versuchsperson an und wurde hier durch ein Gummiband angedrückt gehalten. Wurde nun der Schlag zur Auslösung des Patellarreflexes auf das untere Querholz ausgeführt, so machte der vertikale Stab einen Ausschlag, der sich durch seinen Schatten bei der photographischen Registrierung aufzeichnete. Ganz ähnlich, nur für den besonderen Zweck etwas abgeändert, fand die Aufzeichnung des Reizes bei der Untersuchung des Achillessehnenreflexes statt.

Um den Beginn der elektromotorischen Reaktion des Muskels

---

[1]) Wertheim-Salomonsohn, Clonus of organic and functional origin Folia neurobiologica 1910, IV, S. 1. — Annales d'electrobiologie et de radiologie, Mai 1908.

kurvenmäßig aufzuzeichnen, wurden ganz ebenso, wie früher bei der Untersuchung der Aktionsströme der Unterarmflexoren geschildert, Trichterelektroden auf den Quadrizeps femoris oder auf den Gastroknemius aufgeschnallt, und von diesen wurden die Aktionsströme, die bei jeder Reflexzuckung auftraten, zum Saitengalvanometer abgeleitet.

Es ergab sich zunächst in Übereinstimmung mit den Angaben von Wertheim-Salomonsohn (l. c.), daß beide Muskeln bei Auslösung ihrer Reflexe durch das Auftreten einer einfachen

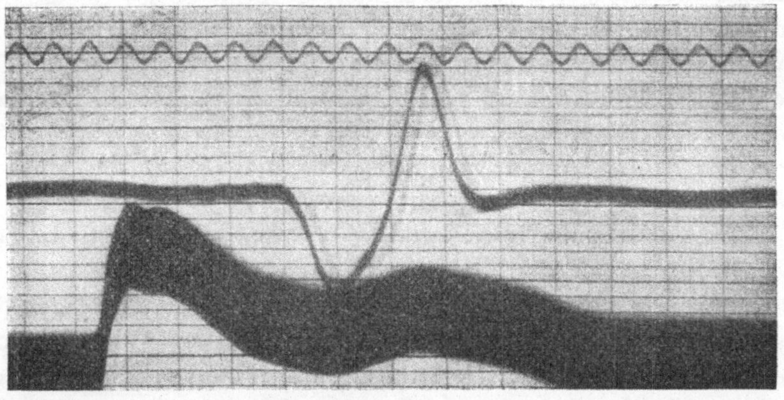

Abb. 25.

Doppelphasischer Aktionsstrom vom Musc. Gastrocnemius des Menschen, registriert bei Erzeugung des Achillessehnenreflexes. Obere Kurve: Stimmgabel von 250 Schwingungen pro Sekunde. Mittlere Kurve Saitengalvanometerkurve des Aktionsstromes. Untere sehr dick geschriebene Kurve: Reizschreibung. Die Zeit, in welcher der Schlag auf die Achillessehne erfolgte, ist durch den steilen Anstieg der Reizschreibungskurve markiert. Von da bis zum Beginn des Aktionsstromes ist die Reflexzeit 0,01 Sekunde zu berechnen. (Nach Hoffmann.)

Zuckung reagieren. Dies wird dadurch bewiesen, daß entweder einfache doppelphasische Aktionsströme auftreten, oder daß Aktionsstromkurven registriert werden, die bei komplizierterer Ablaufform erkennen lassen, daß sie durch Interferenz mehrerer doppelphasischer Ströme entstanden sind, daß diese aber verschiedenen Muskelfasergruppen angehören und nur infolge der komplizierten Faseranordnung mit Phasenunterschieden in den Ableitungsströmen eingegangen sind. Bei gleicher Lage der Ableitungselektroden hatte der Aktionsstrom der reflektorisch ausgelösten Muskelkontraktion denselben Verlauf wie der, welcher bei Reizung des motorischen Nerven durch einen einzelnen Induktionsschlag erhalten wurde. Dies beweist, daß die Reflexkontraktion eine Zuckung ist, und daß vom Rückenmark aus bei der Reflexzuckung zu allen Muskelfasern eine „Salve“ von Innervationsimpulsen geschickt wird, ganz ähnlich wie eine solche bei Einzelreizung des motorischen Nerven zum Muskel gelangt.

Hoffmann untersuchte die Reflexzeiten nach zwei Methoden, einmal bei Reizung in der üblichen Weise durch Schlag auf die Sehne, das zweite Mal durch Reizung des motorischen Nerven mit einem Induktionsschlag. Im letzteren Falle erhielt er nicht nur eine direkt bewirkte Zuckung, sondern auch darauffolgend noch eine reflektorische; die letztere ist nun frei von der Latenz der sensiblen Nervenendorgane.

Die Zeiten, die sich bei Erzeugung des Patellarsehnenreflexes ergeben, betragen 0,019—0,024 Sekunden. Für den Achillessehnenreflex ergaben sich in Übereinstimmung mit den früheren Angaben Eulenburgs[1]) größere Reflexzeiten und zwar 0,032 bis 0,036 Sekunden. Bei ausgiebigen Reflexzuckungen, die einen Aktionsstrom von großer Amplitüde ergaben, schien die in den Kurven ausmeßbare Reflexzeit kürzer zu sein als bei schwachen Zuckungen, doch kann dies vorgetäuscht sein, weil an den flach verlaufenden Stromkurven der Abhebungspunkt sich nicht genau festlegen läßt und leicht irrtürmlich zu spät angesetzt wird.

Bei Erzeugung der Reflexe durch Reizung des Nerven mit einem Induktionsschlag ergaben sich, wie zu erwarten, kürzere Reflexzeiten. Wurde der Nervus femoralis am Ligamentum puparti gereizt, so betrug die Zeit für den Patellarsehnenreflex 0,017 bis 0,0178 Sekunden. Für den Achillessehnenreflex betrug die Zeit bei Reizung des Nervus tibialis in der Kniekehle 0,0282 bis 0,029 Sekunden.

Die Differenz der beiden Reflexzeiten, deren eine bei Auslösung durch Schlag auf die Sehne und deren andere bei Reizung des Nerven gefunden wurde, ist die Zeit, die benötigt wird für die Erregung der Nervenenden oder der Sinnesorgane + der Leitungszeit in der Nervenstrecke von der Sehne bis zum Reizpunkt des Nerven. Man findet für diese einen so kleinen Wert, daß bei Annahme der Nervenleitungsgeschwindigkeit zu 120 m pro Sekunde für die Latenz der sensiblen Nerven-

[1]) Eulenburg, Über die Latenzdauer und den pseudoreflektorischen Charakter der Sehnenphänomene. Neurolog. Zentralbl. 1882, S. 3. — Latenz des Achillessehnenreflexes. Ebenda, S. 313.

endorgane höchstens 0,0014 Sekunden übrig bleiben. Doch ist diese Rechnung ziemlich unsicher.

Hoffmann versuchte weiter, aus der direkt im Experiment gefundenen Reflexzeit diejenige Zeit zu ermitteln, die für das Durchlaufen der Erregung durch die Rückenmarksubstanz übrig bleibt. Er stellt die folgende Berechnung an: Für den Patellarreflex ergibt sich aus der direkt registrierten Kurve eine Reflexzeit von 0,02 Sekunden. Setzt man nun die Nervenstrecke vom Ort der Reizung bis zum Rückenmark und wieder vom Rückenmark bis zu den Nervenendorganen des Muskels gleich 80 cm, so durchläuft das Nervenprinzip diese Strecke in 0,007 Sekunden. Setzt man die Muskellatenz gleich 0,004 Sekunden, so bleibt für die Zeit, welche die Erregung zur Durchsetzung des Rückenmarkes bedarf, übrig 0,009 Sekunden. Bei einer ähnlichen Berechnung ergab sich für den Achillessehnenreflex als Übertragungszeit im Rückenmark 0,013 Sekunden.

Zu noch etwas besser übereinstimmenden Werten gelangte Hoffmann, wenn er nicht die Berechnung auf Grund der Messungen durchführte, die bei Erzeugung des Reflexes durch Schlag auf die Sehne angestellt wurden, sondern wenn er die Zeiten nahm, die der Reflex bei Auslösung durch Reizung des Nerven bedarf. Er findet dann als Übertragungszeit im Rückenmark für den Patellarreflex 0,01 Sekunden und für den Achillessehnenreflex 0,012 Sekunden.

Von besonderem Interesse bei diesem Ergebnis ist die Tatsache, daß man bei allen so durchgeführten Berechnungen überhaupt nicht auskommt, wenn man nicht die Geschwindigkeit der Nervenleitung so hoch ansetzt, wie ich sie gefunden habe, also 120 m pro Sekunde. Man muß diese Annahme nicht nur für den motorischen, sondern auch für den sensiblen Nerven machen. Dann ist die früher immer wieder angezweifelte Reflexnatur der betrachteten Muskelreaktion eindeutig sichergestellt, aus folgenden Gründen:

1. Die Zeiten, die vom Einsetzen des Reizes bis zum Beginn der Muskelreaktion verstreichen, sind viel zu groß, um eine direkte Reizwirkung auf den Muskel möglich erscheinen zu lassen. So lange Zeiten können nur auf eine Übertragung des Reizes auf dem Reflexwege bezogen werden.

2. Wenn die Reflexzeit für den Achillessehnenreflex größer

gefunden wird als für den Patellarsehnenreflex, so kann dies nur auf der größeren Weglänge beruhen, welche die Nervenerregung vom Fuß aus, verglichen mit dem Reizpunkt auf der Patella zum Rückenmark hin und zurück zu durchlaufen hat, was wiederum für die Reflexnatur der Bewegungen beweisend ist.

3. Die beiden Phasen des Aktionsstromes haben dieselbe Richtung und dieselbe Form wie bei Einzelreizung des motorischen Nerven. Die Kontraktionswelle läuft also vom nervösen Äquator zum Muskelende, sie geht also nicht von dem Ort der Reizung, sondern von den nervösen Endorganen aus, und das heißt wiederum, daß sie reflektorisch bedingt sein muß.

VI. Über die willkürlich innervierten Muskelkontraktionen. Historisches.

Man hat sich früher vielfach bemüht, die willkürliche oder reflektorisch innervierte Muskelkontraktion in ähnlicher Weise zu analysieren, wie es mit den durch elektrische Reizung hervorgerufenen Muskelbewegungen geschehen war. Man hat versucht, zwischen beiderlei Arten der Muskeltätigkeit Analogien ausfindig zu machen und ist dabei zu dem, wenn auch immer wieder in Zweifel gezogenen Ergebnis gekommen, daß jede natürlich innervierte Muskelverkürzung, auch wenn sie dem mechanischen Verhalten nach ganz stetig ist, doch ihrem Wesen nach oszillatorischer Natur ist, und daß niemals einer solchen Kontraktion eine einfache Zustandsänderung in der kontraktilen Substanz zugrunde liegt. Diese Anschauung drängte sich schon von selbst auf, wenn man nur annahm, daß zwischen den künstlich durch Nervenreizung erzeugten tetanischen Kontraktionen und den vom Zentralnervensystem innervierten im großen und ganzen eine Analogie besteht.

Für die oszillatorische Natur der durch elektrische Reizung erzeugten tetanischen Kontraktion sind eine Reihe von Beweisen anzuführen, deren Gültigkeitsbereich man auf die natürlich innervierten Tetani auszudehnen versucht hat. Zunächst war festgestellt worden, daß ein Muskel in der Regel nur dann in mechanisch stetigen Tetanus gebracht werden kann, wenn man Reihen von Stromstößen, die eine gewisse Minimalfrequenz pro Zeiteinheit nicht unterschreiten dürfen, entweder auf den Muskel selbst oder auf den motorischen Nerven einwirken läßt. Einen solchen Effekt erzielt man im allgemeinen durch den konstanten Strom nicht, sondern man erhält abgesehen von der Verwendung sehr starker Ströme nur bei Stromschließung und bei Stromöffnung Einzelzuckungen. Daß bei Darstellung eines solchen künstlichen Tetanus nicht nur die Reizung in frequentem Wechsel vor sich geht, sondern daß auch der im Muskel ablaufende Prozeß in ebenso frequenten Oszillationen sich abspielt, ließ sich aus verschiedenen Erscheinungen erschließen. Man konnte z. B. im Muskel einen Ton während der Kontraktion hören. Noch besser aber ließ sich die oszillatorische Natur des Kontraktionsprozessse dadurch nachweisen, daß die begleitenden Aktionsströme entweder zum Telephon abgeleitet und hörbar gemacht werden konnten, oder daß durch ihre tetanisierende Wirkung auf den stromprüfenden Froschschenkel die Diskontinuität ihres Verlaufes und somit die Rhythmizität der Muskelprozesse nachgewiesen wurde, oder endlich dadurch, daß diese Ströme durch direkte Registrierung vermittels geeigneter elektrischer Meßinstrumente zur Anschauung gebracht wurden.

Der in der kontraktilen Substanz auftretende Muskelton ist ein zwingender Beweis für die Diskontinuität des Kontraktionsprozesses, und die Bestimmung der Tonhöhe und der Abhängigkeit dieser Höhe von der Reizfrequenz läßt Schlüsse zu über die Zahl der im Muskel ablaufenden Oszillationen und über die Grenzen der Beweglichkeit der Muskelteilchen. Man hat untersucht, bis zu welcher Zahl von Reizen pro Zeiteinheit der Muskel mit gleich vielen Oszillationen seiner Substanz zu folgen vermag und fand, daß diese Schwingungen der Muskelsubstanz in weitgehendem Maße durch die Zahl der einwirkenden Reize direkt bestimmt ist. Lovén[1]) stellt z. B. fest, daß die Beinmuskeln des Kaninchens bei Reizung des Nervus ischiadicus Muskeltöne geben, die unter Umständen bis zu 704 Schwingungen pro Sekunde mit dem erzeugenden Strom unisono bleiben. Bernstein[2]) hörte bei Reizfrequenzen von 933 Schwingungen pro Sekunde noch den Muskelton in gleicher Höhe. Bei Froschmuskeln scheint die Beweglichkeit der kontraktilen Substanz nicht so groß zu sein. Wedenskj[3]) leitete vom Kaninchen- und Froschmukel die Oszillationen der Aktionsströme während künstlicher Tetanisierung zum Telephon ab und fand, daß Froschmuskeln bis zu etwa 200, die Warmblütermuskeln bis zu etwa 1000 Reizen

[1]) Lovén, Arch. f. Physiologie 1883, S. 363.

[2]) Bernstein, Pflügers Arch. Bd. 11, S. 191.

[3]) Wedenski, Arch. f. Physiologie 1883, S. 317.

pro Sekunde mit der gleichen Zahl von Erregungsoszillationen folgen können. Buchanan[1]) registrierte die Schwingungen der Aktionsströme elektrisch tetanisierter Froschmuskeln direkt mit Hilfe des Kapillarelektromotors und fand, daß der Muskel den Reizen bis zu einer Frequenz von 270 pro Sekunde unter Umständen noch zu folgen vermag. Jenseits dieser für Warm- und Kaltblüter verschiedenen Grenzwerte sind die Oszillationen im Muskel nicht mehr direkt durch die Reizfrequenz bestimmt; manchmal ist nur jeder zweite oder dritte Reiz wirksam und die entsprechenden Muskeltöne kommen zu Gehör. Bei sehr hohen Reizfrequenzen wird aber der Muskel in unregelmäßige Schwingungen versetzt, so daß Muskelgeräusche entstehen, für die eine bestimmte Tonhöhe nicht angegeben werden kann (Stern[2]).

Man wird durch diese Versuchsergebnisse zu der Auffassung geführt, daß die Kontraktilität der quergestreiften Muskeln an eine unserer Kenntnis bisher unzugängliche chemische Substanz gebunden ist, deren große Beweglichkeit sich in der Fähigkeit zu sehr frequenten Zustandsänderungen pro Zeiteinheit äußert und die bei der Kontraktion sehr schnell umkehrbaren Reaktionen unterworfen ist. Man wird ferner annehmen müssen, daß dieser reversible Prozeß sich, nach der in den Aktionsströmen frei werdenden elektrischen Energie zu urteilen, mit Wahrscheinlichkeit an Elektrolyten abspielt und vielleicht als ein elektrolytischer Dissoziationsvorgang und dessen Umkehrung zu betrachten ist.

Wenn man nach diesen Ergebnissen versuchen wollte, diese für den elektrisch erzeugten Tetanus gültigen Vorstellungen auf die Physiologie der natürlichen Muskelkontraktionen auszudehnen, so galt es, möglichst an der Hand der gleichen Beweismittel die Oszillationen und deren Rhythmik im Muskel bei willkürlichem Tetanus aufzufinden. Sind diese nachgewiesen, so liegt es nahe, daß man sich die Zahl und die Art des Aufeinanderfolgens der Oszillationen bei der natürlichen Kontraktion ganz analog dem künstlichen Tetanus direkt von der Zahl und den Eigenschaften derjenigen Nervenreize abhängig denkt, die vom Zentralnervensystem ausgehen müssen. Diese Ana-

[1]) Buchanan, Journal of Physiology vol. 27, 1901.

[2]) Stern, Pflügers Arch. Bd. 82, S. 34.

logieschlüsse vom elektrisch erzeugten auf den natürlichen Tetanus und namentlich die Rückschlüsse von den Eigenschaften und der Frequenz der Muskeloszillationen auf die Art der Tätigkeit des zentralen Innervationsmechanismus beherrschen in der Tat und mit Recht vollständig die Bahnen, in denen sich die Erörterungen über die physiologische Innervierung von Kontraktionen bewegen.

Die Bestimmung der Oszillationsrhythmik im willkürlich kontrahierten Muskel ist auf sehr verschiedene Weise versucht worden. Zunächst hat man mit Recht das auch bei der willkürlichen Kontraktion im Muskel auftretende Geräusch als Beweis für die Periodizität der Vorgänge in der kontraktilen Substanz angeführt, und man hat versucht, aus Tonhöhenbestimmungen die Zahl der Oszillationen zu erkennen. Indessen so sicher das Muskelgeräusch die oszillatorische Natur des natürlich innervierten Tetanus beweist, so wenig hat es sich bewährt, als es galt, daraus die Frequenz der im Muskel ablaufenden Schwingungen zu enthüllen. Wollaston[1]), der den Muskelton zuerst beschrieb, schätzt ihn auf höchstens 36, im Minimum auf 14—15 Schwingungen pro Sekunde und findet ihn zwischen diesen Werten schwankend. Helmholtz[2]) gab zuerst 35—45 Schwingungen an, fand aber später, daß dies gerade ein Eigenton des Ohres sei und deshalb subjektiv verstärkt gehört werde. Er glaubt diesen Ton für den ersten Oberton der dem richtigen Muskelrhythmus entsprechenden Schwingungszahl erklären zu müssen, setzt also letztere auf 18—20 pro Sekunde an. Er findet, daß dieser Grundton, der z. B. bei der Kontraktion der Kaumuskeln hörbar ist, bei Vermehrung der Muskelspannung sich nicht in seiner Höhe ändert, daß aber das beigemischte Brausen höher und stärker wird. Mehr war aus diesem Muskelton nicht zu schließen, und wahrscheinlich gehen auch diese mit aller Vorsicht geäußerten Wahrnehmungen Helmholtz'[3]) schon über die Grenzen des Möglichen hinaus. Denn die Unterscheidung von Tonhöhen im Bereich so niedriger Schwingungsfrequenzen sind selbst bei Beobachtern mit so geschärften Sinnen wie Helmholtz problematisch, zumal die Resonanzverhältnisse des Ohres die Bestimmung ganz unsicher machen.

---

[1]) Wollaston, Gilberts Annalen Bd. 40, 1812.

[2]) Helmholtz, Wissenschaftl. Abhandl. Bd. 2, S. 924 und 429.

[3]) Helmholtz, l. c., S. 929.

Die Unbestimmtheit dieser Ergebnisse, welche die akustische Untersuchung der Muskeln liefert, hat man durch die mechanische Analyse der rhythmischen Formveränderungen zu ergänzen gesucht. Helmholtz legte verschieden abgestimmte Federn auf die kräftig konthrahierten Armmuskeln und suchte diejenige ausfindig zu machen, die am leichtesten in Mitschwingungen versetzt wurde. Er fand hierzu die Federn am besten geeignet, die auf 18—20 Schwingungen abgestimmt waren und schloß, daß dies die Schwingungsfrequenz der kontraktilen Substanz im Muskel sein müsse, daß also der Ton von 35—40 Schwingungen, den er am deutlichsten hören konnte, der durch die Resonanzverhältnisse des Ohres verstärkte erste Oberton des muskulären Grundtones gewesen sei. Indessen ließ die allem Anschein nach unregelmäßige Rhythmik der Schwingungen im Muskel die Auffindung der gleich abgestimmten Feder nicht mit befriedigender Sicherheit bewerkstelligen. Auch v. Kries[1]), der diese Versuche Helmholtz' wiederholte, betont die große Unsicherheit der Ergebnisse.

Stanley Hall und Kronecker[2]) versuchten dann, durch direkte mechanische Registrierung der Dickenschwankungen des tetanisch kontrahierten Muskels dessen Schwingungsfrequenz festzustellen. Nach Durchschneidung des Hirnstammes wurden beim Kaninchen dicht neben der Medulla oblongata Reizelektroden angebracht, durch die schwache Induktionsströme zugeleitet wurden. Es stellten sich tetanische Verkürzungen des Bizeps femoris ein, mit denen Dickenschwankungen des Muskels einhergingen, die unabhängig von der Frequenz der Reizströme eine Oszillationszahl von 20 pro Sekunde beibehielten.

Zu anderen Ergebnissen kamen Horsley und Schäfer[3]), die bei Reizung der Hirnrinde, des Hirnstammes oder des Rückenmarkes, wie auch bei natürlicher Innervation 10 Muskelvibrationen pro Sekunde im Mittel fanden. Auch Canney und Tunstall[4]) registrierten diesen Rhythmus in Versuchen an menschlichen Muskeln. V. Kries[5]) fand dann bei Aufzeichnung der Dickenschwankungen, die menschliche Muskeln bei willkürlicher

[1]) v. Kries, Arch. f. Physiologie 1886, Suppl.

[2]) Stanley Hall und Kronecker, Arch. f. Physiologie 1879.

[3]) Horsley und Schäfer, Journal of Physiology vol. 7, p. 96.

[4]) Canney und Tunstall, Journal of Physiology vol. 6.

[5]) v. Kries, l. c.

Kontraktion zeigen, daß der Rhythmus muskulärer Zustandsänderungen und somit die Zahl der physiologischen Innervationsimpulse in weiten Grenzen variabel sei, und zwar zwischen 8 und 40 pro Sekunde schwanke. Für die Flexoren des Armes ergaben sich bei angestrengter stetiger Kontraktion 11,8, für die Fußbeuger 7,7 Dickenschwankungen pro Sekunde. Bei sehr schnellen kurzen Bewegungen wurden bis zu 40 Oszillationen pro Sekunde erzielt. Die Erklärung für die auch von Loven[1]) vertretene Vorstellung, daß 8 Impulse pro Sekunde einen mechanisch stetigen Tetanus erzeugen können, sieht v. Kries, wie schon Lovén in der Annahme, daß die vom Zentralnervensystem ausgehenden Reize nicht momentan wie etwa die Öffnungsschläge eines Induktoriums ansteigen und wieder verschwinden, sondern langsam an- und abschwellen, daß sie also nach v. Kries' Bezeichnung nicht Momentreize, sondern Zeitreize sind. Als v. Kries die Form der zeitlichen Schwankung dieser supponierten physiologischen Reize künstlich nachahmte, indem er elektrische Reize von zeitlich gedehntem Gefälle auf Muskel oder Nerven applizierte, fand er in der Tat, daß die Zuckungskurven gedehnter verliefen als bei Einwirkung von Momentreizen; dementsprechend genügten dann auch erheblich weniger solcher Zeitreize pro Zeiteinheit, um glatten Tetanus im Froschmuskel zu erzeugen, als Momentreize dazu erforderlich sind. v. Kries sieht in diesen Zeitreizen, was die Steilheit des Verlaufes betrifft, Übergangsformen zwischen den elektrischen Momentreizen und denjenigen Impulsen, die bei Innervierung willkürlicher oder reflektorischer Dauerkontraktionen vom Zentralnervensystem ausgehen. Im übrigen nimmt er an, daß je nach der Geschwindigkeit und der Kraft einer zu innervierenden Muskelaktion der Rhythmus der Impulse und deren zeitliche Schwankungsform in ziemlich weiten Grenzen variabel sei. Bei kurzen Bewegungen sollen Innervationsstöße von steiler Schwankungsform und großer Frequenz, bei Dauerkontraktion dagegen zeitlich gedehnte Impulse von um so geringerer Zahl pro Zeiteinheit eintreffen, je kräftiger der zu erzielende Tetanus ist.

Überblickt man all diese Deduktionen, die vom Studium der Formveränderungen der Muskeln bei der Kontraktion und der Bedeutung von Rhythmus und Form der Reize dazu führen

[1]) Lovén, Med. Zentralblatt 1881, Nr. 7.

sollten, den physiologischen Tetanus aufzuklären, so wird man gestehen müssen, daß zwar allerlei Möglichkeiten durchgeprüft worden sind, daß aber ein bestimmter Modus der Bewirkung normal innervierter Muskelkontraktionen nicht besonders wahrscheinlich hat gemacht werden können.

Nach den zweifelhaften Ergebnissen, welche die akustische und die mechanische Untersuchung der Muskelrhythmik gebracht hat, hat man mit etwas besserem Frfolg versucht, mit Hilfe der Aktionsströme die Vorgänge im Muskel bei der tetanischen Kontraktion zu analysieren. Man ist dabei nach dreierlei verschiedenen Methoden vorgegangen: bei den früheren Untersuchungen diente der stromprüfende Froschschenkel als Reagens auf die muskulären Stromschwankungen, später sind die im Muskel auftretenden oszillatorischen Ströme zum Telephon abgeleitet worden, und der hier auftretende Ton ist auf Höhe, Klangfarbe und beigemischte Geräusche geprüft worden. Schließlich sind elektrische Meßapparate, die schnelle Stromschwankungen direkt zu registrieren gestatten, namentlich das Kapillarelektrometer und das Saitengalvanometer mit Erfolg verwendet worden.

Grundlage für die Wege der Untersuchung und für die theoretische Auffassung der elektrischen Erscheinungen beim Reflextetanus bilden wiederum die Feststellungen über den Verlauf und die Oszillationsfrequenz der Aktionsströme im künstlich tetanisierten Muskel. Was zunächst die Versuche betrifft, in stromprüfenden Froschschenkel sekundären Tetanus zu erzeugen, so geht man hier ja von der Tatsache aus, daß eine Dauerkontraktion sich im allgemeinen nur durch Reizreihen von bestimmter Minimalfrequenz pro Zeiteinheit erzeugen läßt. Da nun bei elektrischer Tetanisierung eines Muskels vom Nerven aus ein zweites Nervmuskelpräparat gleichfalls in Tetanus gerät, wenn sein Nerv auf den ersten Muskel aufgelegt wird, so ist zu schließen, daß oszillatorische Aktionsströme im ersten Muskel als Begleiterscheinung des Tetanus entstehen und als Reizströme von tetanisierendem Erfolg in den Nerv des zweiten Präparates einbrechen. Indessen der Versuch, auf diesem Wege den diskontinuierlichen Verlauf der Aktionsströme beim willkürlichen Tetanus zu zeigen, versagte vollständig. Du Bois-Reymond[1]),

[1]) Du Bois-Reymond, Untersuchungen über tierische Elektrizität Bd. 2, S. 305.

der zuerst Versuche dieser Art an willkürlich kontrahierten Muskeln machte und an solchen, die in Strychnintetanus versetzt worden waren, zweifelte trotz der Unmöglichkeit, sekundären Tetanus zu erhalten, nicht an der oszillatorischen Natur der physiologisch innervierten Kontraktion. Er suchte vielmehr die Eigenart der Aktionsstromschwankungen, die er für den natürlich kontrahierten Muskel annahm, verantwortlich zu machen für das Ausbleiben des sekundären Tetanus. Er glaubte zu sehen, daß für die Reflextetani eine eigentümliche Unstetigkeit charakteristisch sei, und dies stützte seine Annahme, daß die einzelnen Faserbündel des Muskels ungleichzeitig und in verschiedener Stärke ihre Impulse vom Zentralnervensystem erhalten. Zu der gleichen Vorstellung gelangten Hering und Friedrich[1]). Brücke[2]) hat dieser Idee in einem bekannten Vergleich einen prägnanten Ausdruck gegeben, indem er sagte, daß bei elektrischer Reizung des Nerven die Innervationsimpulse in den einzelnen Muskelfasern salvenmäßig eintreffen, daß dagegen bei der natürlichen Innervierung die Impulse vom Rüchenmark aus in unregelmäßigen Zeitintervallen durch die einzelnen Nervenfasern und zu den einzelnen Muskelfasern geschickt werden, daß sie also in den Nervenendorganen „pelotonfeuermäßig“ eintreffen. Dazu kommt, daß in vielen Muskeln nach den Untersuchungen Kühnes[3]) die Nervenendorgane über weit voneinander liegende Querschnitte verteilt liegen, so daß die Kontraktionswellen in den einzelnen Muskelfasern von verschiedenen Querschnitten des ganzen Muskels ihren Ursprung nehmen. Wenn infolge solcher anatomischer Verhältnisse oder infolge pelotonfeuermäßigen Eintreffens der Innervationsimpulse die Kontraktionswellen der einzelnen Fasern in jedem gegebenen Zeitteilchen über die ganze Länge des Muskels mehr oder weniger zerstreut liegen, so müssen die Aktionsströme der einzelnen Fasern großenteils im Ableitungsstrom mit entgegengesetzten Phasen interferieren und sich aufheben. Der letztere wird also geringe Intensität haben und unregelmäßig oszillieren. Hat der Ableitungsstrom tatsächlich diese Eigen-

---

[1]) Hering und Friedrich, Sitzungsber. der Akad. der Wissenschaften zu Wien Bd. 72, Abt. III, S. 413. 1875.

[2]) Brücke, ebenda Bd. 79, S. 237. 1877.

[3]) Kühne, Untersuchungen aus dem physiolog. Laboratorium der Universität Heidelberg Bd. 3, S. 68.

schaften, so ist es erklärlich, daß er zur Erzeugung eines sekundären Tetanus nicht fähig ist. Harleß[1]) freilich, der beim Frosch weder auf reflektorische Kontraktion, noch bei solchen, die auf elektrische Reizung des Halsmarks erhalten wurden, sekundären Tetanus sah, kam zu dem Schluß, daß die natürliche Dauerkontraktion nicht nur dem mechanischen Effekt, sondern auch dem Wesen nach ein stetiger Vorgang sei und nicht mit der elektrischen Tetanisierung vergleichbar sei. Zusammenfassend wird man aber über die Versuche, in denen der stromprüfende Froschschenkel als elektrophysiologisches Reagens diente, sagen müssen, daß die Erklärung der sekundären Unwirksamkeit des natürlichen Tetanus im wesentlichen in der Annahme gesucht worden ist, daß die Aktionsströme in diesem Falle, verglichen mit denen der elektrisch erzeugten Tetani, nur geringe Intensitäten, andere Frequenzen und Störungen in der Regelmäßigkeit des Rythmus aufweisen.

Als ein weiteres Reagens, das auf oszillatorische Ströme anspricht, hat man zur Analyse der Muskelströme das Telephon zu verwenden gesucht; man konnte hoffen, aus den Eigenschaften des auftretenden Tones auf Rhythmus und Charakter der durch das Instrument geleiteten Aktionsstromoszillationen Schlüsse zu gewinnen. Indessen hat auch hier die Untersuchung des natürlichen Tetanus zu sehr bestreitbaren Folgerungen geführt. Wie bei der direkten Auskultation des Muskeltones zeigte sich, daß im Gegensatz zu den wirklich musikalischen und der Höhe nach wohl definierbaren Tönen, die der Muskel bei regelmäßiger elektrischer Reizung gibt, bei der Ableitung vom willkürlich kontrahierten Muskel ein Geräusch von kaum angebbarer Tonhöhe im Telephon zu Gehör kommt. Wedensky[2]), dem wir diese Untersuchungen hauptsächlich verdanken, beschreibt dieses Geräusch für den Triceps femoris des Frosches als ein Hauchen, für den durch eingestochene Nadeln abgeleiteten menschlichen Bizeps bei mäßiger Kontraktion als Rollen, bei kräftiger Anspannung als einen frequenter schwingenden Ton von etwa 36 bis 40 Vibrationen pro Sekunde.

---

[1]) Harleß, Zeitschrift für rationelle Medizin von Henle u. Pfeuffer Bd. 14 S. 97.

[2]) Wedenski, Arch. f. Physiologie 1883, S. 316, und Arch. de Physiologie normale et pathol. t. 3. 1891.

Wedensky versuchte diejenige Art der elektrischen Nervenreizung ausfindig zu machen, bei der dieses selbe Geräusch künstlich darstellbar ist. Er fand, daß die Frequenz der muskulären Stromoszillationen mit der Reizzahl nur innerhalb bestimmter Grenzen der Frequenz, bis etwa 200 beim Frosch, bis höchstens 1000 beim Warmblüter, parallel geht, daß aber bei hohen Reizfrequenzen, 2500 bis 5000 pro Sekunde, und bei geringen Intensitäten der Reize die Zahlen der Aktionsstromoszillationen, dem Telephonton nach zu urteilen, unabhängig von der Zahl der Reize ist. Unter solchen Reizbedingungen bot nun das Telephon ein Geräusch, das dem bei willkürlicher Kontraktion gehörten glich. Niemals dagegen ließ sich dasselbe hören, wenn in dem meist angenommenen Innervationsrhythmus von zwanzig Reizen oder mit Reizzahlen bis zu 200 beim Frosch, oder bis zu etwa 1000 pro Sekunde beim Warmblüter gereizt wurde. Auch bei chemischer Reizung des Nerven, dann auch bei Reizung der Hirnrinde mit Induktionsströmen kam das natürliche Muskelgeräusch heraus, nahm mit Intensität und Dauer der Reizung an Stärke zu, war aber in seiner Schwingungszahl unabhängig von der Reizfrequenz. Wedensky schließt aus seinen Ergebnissen, daß bei hohen Reizfrequenzen der natürliche Innervationsrhythmus nachgeahmt sei. Da nun die im Muskel auftretenden Stromoszillationen eine erheblich kleinere Schwingungszahl haben, als die Reizfrequenz, so nimmt Wedensky an, daß der hochfrequente Innervationsrhythmus im Endorgan in den langsameren muskulären Eigenrhythmus transformiert wird. Hiernach wäre im allgemeinen der direkte Schluß von der Schwingungsfrequenz der kontraktilen Muskelsubstanz auf den Innervationsrhythmus unzulässig. In den Ansichten Wedenskys tritt also bereits der später von Burdon-Sanderson[1]) und Garten[2]) weiter begründete Gedanke hervor, daß ein muskulärer vom Zentral-Nervensystem unabhängiger Eigenrhythmus existiert.

Es kann kein Zweifel sein, daß es einen großen Fortschritt bedeuten mußte, wenn es gelang, die Stromoszillationen, anstatt sie mit den primitiveren Methoden des stromprüfenden Frosch-

---

[1]) Burdon-Sanderson, Journal of Physiology vol. 18, p. 117. 1895, u. vol. 23, p. 325. 1898. — Ferner in Schäfer, Textbook of Physiology Part. II, p. 425.

[2]) Garten, Abhandl. d. K. Sächs. Gesellsch. d. Wissensch., math.-phys. Klasse, Bd. 26, Nr. 5, S. 330.

schenkels oder des Abhörens im Telephon zu verfolgen, direkt graphisch zu registrieren. Nachdem das Kapillarelektrometer in die elektrophysiologische Versuchsmethodik eingeführt war, hat man dieses Instrument auch für die Analyse der Reflextetani nutzbar zu machen versucht. Zwar liegen aus früherer Zeit keine Versuche vor, die natürlich innervierten Kontraktionen auf diesem Wege zu untersuchen; erst in allerneuester Zeit hat Buchanan[1]) die von mir am Saitengalvanometer angestellten Beobachtungen am Kapillarelektrometer wiederholt. Darauf wird noch zurückzukommen sein. Wohl aber ist mehrfach der Strychnintetanus in dieser Weise geprüft worden. Lovén[2]) hat bereits 1881 festgestellt, daß während des Strychninkrampfes vom Gastrocnemius des Frosches 5—8 Aktionsstromschwankungen pro Sekunde abzuleiten sind. Er fand ferner, daß der natürliche Reflextetanus bei Kröten 6 Stromschwankungen in der Sekunde gibt. Die Beobachtungen am strychninvergifteten Tier sind von v. Kries[3]), Delsaux[4]) u. a. bestätigt worden. Daß der Strychnintetanus ebensowenig wie der reflextorische zur Erzeugung eines sekundären Tetanus fähig ist, sondern nur eine oder mehrere Einzelzuckungen im stromprüfenden Froschschenkel erzeugt, haben bereits du Bois-Reymond[5]), Harleß[6]) und später Friedrich und Martius[7]) festgestellt. Martius freilich hält, wie auch Friedrich und Hering[8]) den Strychninkrampf nicht für einen solchen, den man dem physiologischen Reflextetanus gleichstellen könnte, sondern er betrachtet ihn als eine Folge von unregelmäßigen Einzelzuckungen, die teilweise miteinander verschmelzen, also für einen mehr klonischen Krampf. Lovén[9]) aber glaubte in seinen Versuchen die Zahl der Innervationsimpulse gefunden zu haben, die normalerweise vom Zentralnervensystem ausgeschickt werden, und er sah auch die Stromoszillationen in der

[1]) Buchanan, Quartery Journal of experimental Physiology Bd. I.

[2]) Lovén, l. c.

[3]) v. Kries, l. c. 1804.

[4]) Delsaux, Travaux du Labor, de L. Fredericq t. 4. 1892.

[5]) Du Bois-Reymond, Untersuchungen über tierische Elektrizität Bd. 2, Abt. I, S. 515, und Abt. I, S. 304.

[6]) Harless, l. c.

[7]) Martius, Arch. f. Physiologie 1883, S. 542.

[8]) Hering und Friedrich, l. c.

[9]) Lovén, Med. Zentralbl. 1887, Nr. 7.

Muskelsubstanz als die der Norm entsprechende nach Zahl und Rhythmik an. Da nun eine Frequenz von 8 der gewöhnlich benutzten elektrischen Momentreize in der Sekunde nicht genügt, um eine glatte Kontraktion zu erzeugen, so äußerte er die später von v. Kries[1]) experimentell verfolgte Vermutung, daß die vom Rückenmark ausgehenden Impulse keine so steile zeitliche Schwankungsform haben, wie die Induktionsschläge, sondern das sie zeitlich gedehnt verlaufen, daß es sich also um sogenannte Zeitreize (v. Kries) handelt.

Diese Vorstellungen wurden von v. Kries weiter entwickelt. Er konstruierte ein Instrument, das Rheonom, das es ermöglicht, elektrische Stromschwankungen von langsamem Intensitätsanstieg zu erzeugen, und er fand, daß bei Einwirkung der hiermit erzeugten „Zeitreize" Zuckungen erhalten werden, die einen gedehnteren Ablauf haben als die durch einen Momentreiz erzeugten. Zugleich ergab sich, daß der Aktionsstrom, der diese Zuckung begleitet, gleichfalls eine längere Dauer hat, als derjenige, der bei Momentreizung des Muskels erhalten wird und daß ein durch Zeitreizung in Tetanus versetzter Muskel erheblich weniger Reize pro Zeiteinheit nötig hat, um in mechanisch stetige Kontraktion zu verfallen, als bei Momentreizung. Der Versuch, von einem Muskel aus, der durch Zeitreize tetanisiert war, das physiologische Rheoskop in sekundären Tetanus zu versetzen, gelang nicht. v. Kries nimmt danach an, das die Vermutung Lovéns zutreffend sei, es handle sich bei den vom Rückenmark ausgehenden Impulsen nicht um Momentreize, sondern um zeitlich gedehnte. Hiernach läge die Unfähigkeit des Reflextetanus zur Erzeugung eines sekundären nicht so sehr an den Eigentümlichkeiten der Intensität und der Frequenz seiner Aktionsströme, als vielmehr an den Besonderheiten der zeitlichen Schwankung jeder einzelnen Aktionsstromoszillation. Die besonders von du Bois-Reymond[2]), Brücke[3]), Hering[4]) und Kühne[5]) entwickelte Erklärung der sekundären Unwirksamkeit der natürlichen Tetani durch die Hypothese von der pelotonfeuermäßigen Innervation

---

[1]) v. Kries, Arch. f. Physiologie 1884, S. 337, und 1886, Suppl., S. 1.

[2]) Du Bois-Reymond, l. c.

[3]) Brücke, l. c.

[4]) Hering und Friedrich l. c.

[5]) Kühne, l. c.

und der resultierenden gegenseitigen Vernichtung der Aktionsströme durch phasenverschiedene Interferenz hält v. Kries für unwahrscheinlich und überflüssig. Wenn die einzelnen Fasern ihre Impulse nicht gleichzeitig, also salvenmäßig erhielten, so könnten, wie v. Kries hervorhebt, weder negative Schwankungen überhaupt auftreten, noch könnte man die oben erwähnten rhythmischen Dickenschwankungen des Muskels verstehen.

Überblickt man die bisher besprochenen Untersuchungen, so treten einerseits die Bemühungen hervor, alle diejenigen charakteristischen Merkmale des natürlich innervierten Tetanus festzustellen, die ihn gegenüber dem durch faradische Reize erzeugten auszeichnen. So wurden die Besonderheiten des Muskelgeräusches bei natürlicher Kontraktion, dann die Unfähigkeit, sekundären Tetanus zu erzeugen, und andere Eigenarten des mechanischen und elektromotorischen Verhaltens festgestellt. Andererseits aber hat man sich auf das angelegentlichste bemüht, die Bedingungen für eine vollständige künstliche Nachahmung des Reflextetanus mit allen angeführten Merkmalen aufzufinden und damit die Entstehungsweise der natürlich innervierten Muskelkontraktion dem Verständnis zu erschließen. Zu letzterem Zweck hat man Frequenz, Intensität und Schwankungsform der elektrischen Reize in jeder möglichen Weise variiert und den Einfluß der einzelnen Varianten auf die mechanischen, akustischen und elektromotorischen Eigenschaften des tetanischkontrahierten Muskels studiert. Die Versuche, auf diesem Wege zu einer Synthese des natürlichen Tetanus zu gelangen, haben zu diametral entgegengesetzten Theorien über die Rhythmik der im willkürlich kontrahierten Muskel ablaufenden Vorgänge und über die Innervation geführt. v. Kries, der die mechanischen Besonderheiten und gewisse Eigentümlichkeiten des elektromotorischen Verhaltens, besonders die Unfähigkeit zu sekundärer tetanischer Erregung in den Vordergrund des Interesses stellt, und die Frequenz der von ihm gefundenen Dickenschwankungen des Muskels bei Willkürkontraktion zugrunde legt, hält die Reizung durch Zeitreize von geringer Frequenz für die beste Annäherung an die Eigenschaften der natürlichen Muskelinnervation. Wedensky dagegen kam bei seinem Bestreben, die telephonisch beobachteten Eigenschaften der Stromoszillationen im Muskel künstlich darzustellen, zu dem umgekehrten Schluß, daß nämlich sehr frequente Impulse pro Zeiteinheit zum

Muskel gelangen, und sich hier in einen muskulären Eigenrhythmus von geringer Frequenz umsetzen. Die meiste Anerkennung hat wohl die Annahme von v. Kries gefunden; man kann aber kaum sagen, daß der von ihm angenommene Modus der Innervation nach Analogie der Zeitreize physiologisch tatsächlich als realisiert erwiesen ist.

Die von Wedensky entwickelten Vorstellungen vom Eigenrhythmus der Muskelsubstanz haben eine interessante und wichtige Ausgestaltung erfahren durch die neueren Untersuchungen von Burdon-Sanderson[1]), Buchanan[2]) und Garten[3]). Hiernach muß in der Tat die Frage aufgeworfen werden, ob überhaupt die Vorstellung als gesichert richtig gelten darf, daß durch die Feststellung der Oszillationsfrequenz des Muskels auch die Zahl der Innervationsimpulse als bestimmende Variable direkt erschlossen werden kann. Nach weitaus den meisten der bis vor kurzem bekannten Tatsachen über die Muskelreizung lag es allerdings nahe, sich die Zahl der Schwingungen im willkürlich kontrahierten Muskel ebenso direkt von der Zahl der Innervationsimpulse abhängig zu denken, wie sich die Rhythmik des künstlichen Tetanus von der Reizfrequenz bis zu ziemlich hoch liegenden Grenzen abhängig erwiesen hat. Neueren Erfahrungen zufolge wird man aber die Frage nach der Zahl der Innervationsimpulse auch nach Feststellung der Schwingungsfrequenz des Muskels noch einmal gründlich erörtern müssen. Es scheint nämlich, daß die kontraktile Substanz des Muskels tatsächlich einen, wenn auch nicht sehr fest aufgeprägten Eigenrhythmus hat, der zwar nach Ausweis der elektrischen Reizversuche nicht völlig, nach neueren Befunden, aber doch bis zu einem hohen Grade unabhängig von der Rhythmik der Reizung aufrecht erhalten werden kann. Bei elektrischer Tetanisierung hätten wir es nach dieser Vorstellung sozusagen mit „erzwungenen Schwingungen", nicht mit dem Eigenrhythmus der Muskelsubstanz zu tun.

Die bisher bekannt gewordenen Tatsachen, die eine gewisse Abstimmung der kontraktilen Substanz auf bestimmte Eigen-

---

[1]) Burdon-Sanderson in Schäfer, Textbook of Physiology Part. II, p. 425.

[2]) Buchanan, l. c.

[3]) Garten, Abhandl. d. Sächs. Gesellsch. der Wissensch., math.-phys. Klasse, Bd. 26, S. 330.

schwingungen verraten, sind folgende: zunächst machte schon Wedensky, wie oben erwähnt, auf Grund seiner telephonischen Untersuchung der Muskelströme darauf aufmerksam, daß bei hohen Reizfrequenzen die Muskelrhythmik offenbar nicht der Reizzahl folgt, sondern vermutlich in selbstbestimmtem Rhythmus schwingt. Buchanan fand dann bei Ableitung der Ströme von Froschmuskeln zum Kapillarelektrometer, daß nach Reizung mit hochfrequenten Wechselströmen, ferner beim Ritterschen Öffnungstetanus und nach Strychninvergiftung die Aktionsströme in konstantem Rhythmus von etwa 100 Oszillationen pro Sekunde zur Ableitung kommen. Burdon-Sanderson, unter dessen Leitung die Untersuchungen ausgeführt worden waren, hatte bereits früher gleichartige Wellen der Muskelströme beim Schließungstetanus und beim Strychnintetanus festgestellt und erklärte diesen von der Reizfrequenz und der Reizart unabhängigen Rhythmus von etwa 100 Schwingungen in der Sekunde für die Eigenschwingungen der kontraktilen Muskelsubstanz. Beim Strychnintetanus waren die frequenten kleinen Stromoszillationen den groben aus den Untersuchungen von Lovén, v. Kries u. a. bekannten Stromschwankungen superponiert.

Endlich hat Garten wichtige Argumente für die Existenz eines von der Innervationsrhythmik unabhängigen Eigenrhythmus der Muskelschwingungen gleichfalls auf Grund von Untersuchungen über die Oszillationen der Muskelströme beigebracht. Er fand, daß bei verschiedenen Arten der Reizung Aktionsströme im Froschmuskel auftreten, deren Rhythmus von etwa 0,009 Sekunden Periodendauer unabhängig von der Reizart festgehalten wird. Diese Stromoszillationen traten bei Anlegung eines künstlichen Querschnitts durch einen abgekühlten Muskel auf, gingen als „Negativitätswellen" von der Schnittstelle aus und liefen mit der Fortpflanzungsgeschwindigkeit der Kontraktionswelle über den Muskel hin. Dieselben Schwingungen traten beim Ritterschen Öffnungstetanus auf, auch zeigten sie sich bei jeder Reaktion des Muskels bei Schließung des konstanten Stromes, er mochte den Muskel selbst durchströmen oder beim Kaltfroschmuskel vom Nerven aus mehr oder weniger vollständigen Schließungstetanus erzeugen. Kälte verlangsamte die Schwingungsperiode und Äthernarkose lähmte die Fähigkeit zur Erzeugung oszillatorischer Ströme vollständig. „Da trotz der Verschiedenheit der Reizmittel doch dieselben rhythmischen Folgen der elektrischen Vorgänge im Muskel auftraten, so war schon hierdurch die Wahrscheinlichkeit groß, daß der erregbaren Substanz des Muskels selbst jene Fähigkeit innewohne, mit periodischen Reihen von Erregungen zu antworten." Garten betont, daß der von ihm beschriebene Rhythmus von ganz anderer Größenordnung sei, als die mechanisch aufgezeichneten rhythmischen Formveränderungen des Muskels, die Biedermann[1]) mit einer Frequenz von 5—15 pro Sekunde bei chemischer Reizung oder konstanter Durchströmung des Muskels auftreten sah. Vermutlich umfaßt jede dieser mechanischen Perioden eine ganze Reihe der Gartenschen Rhythmen. Dieser Gedankengang ließe sich auch auf die niedrig frequenten Rhythmen von v. Kries, Hall und Kronecker, Lovén u. a. ausdehnen.

Nach diesen Feststellungen wäre also mit der Möglichkeit zu rechnen, daß einerseits der Innervationsrhythmus, andererseits der Kontraktionsprozeß im Muskel mit selbständiger Periode vor sich geht. Nach Wedenskys Ansicht würden die Nervenimpulse viel frequenter als die muskulären Oszillationen aufeinander folgen. Umgekehrt könnte die Sachlage sein, wenn der Muskel in der frequenten, von Burdon-Sanderson und Garten gefundenen Periode bei natürlich innervierten Kontraktionen schwingen sollte und immer mehrere Oszillationen durch je einen Nervenimpuls, der etwa nach Art der v. Kriesschen Zeitreize beschaffen sein könnte, ausgelöst würden. Möglich bleibt aber auch, daß physiologisch beide Rhythmen, der nervöse und der muskuläre, unbeschadet ihrer Selbständigkeit gleich sind, daß also eine Art Abstimmung beider Apparate aufeinander vorliegt.

In neuerer Zeit hat Garten und im Anschluß an ihn Dittler die Versuche, den Eigenrythmus der Muskelsubstanz ausfindig zu machen, ausgedehnt auf mannigfache andere Objekte als den Froschmuskel. Garten[2]) hat die Bedingungen angegeben, unter denen Eigenrhythmen von den Muskeln der Warmblüter zu erhalten sind, nachdem zuvor von Piper[3]) solche Rhythmen an

[1]) Biedermann, Sitzungsber. d. Wiener Akad. d. Wissensch. Bd. 82, Abt. III, und Bd. 87, Abt. III.

[2]) Garten, Beiträge zur Kenntnis des Erregungsvorganges im Nerven und Muskel des Warmblüters. Zeitschr. f. Biologie 52, S. 534.

[3]) Piper, Zur Kenntnis der tetanischen Muskelkontraktionen. Zeitschr. f. Biologie 52, S. 86. — Über die Rhythmik der Innervationsimpulse bei willkürlichen Muskelkontraktionen und über verschiedene Arten der künstlichen Tetanisierung menschlicher Muskeln. Zeitschr. f. Biologie 53, S. 140.

menschlichen Muskeln bereits beschrieben worden waren. Dittler[1]) hat in ähnlicher Weise am Zwerchfell von Katzen und Kaninchen Aktionsstromrhythmen nachgewiesen und in neuester Zeit auch an Schildkrötenmuskeln[2]). Auf manche Details dieser Untersuchungen wird später noch an geeigneter Stelle zurückzukommen sein.

---

[1]) Dittler, Über die Innervation des Zwerchfelles als Beispiel einer tonischen Innervation. Pflügers Arch. Bd. 130. Weitere Untersuchungen über die Aktionsströme des Nervus phrenicus bei natürlicher Innervation. Ebenda Bd. 136.

[2]) Dittler und Oinuma, Über die Eigenperiode quergestreifter Skelettmuskeln nach Untersuchungen an der Schildkröte. Pflügers Arch. Bd. 139.

VII. Versuche über die Willkürkontraktion.

1. Tatsächliche Befunde.

Als Hermann[1]) im Jahre 1879 seine Rheotomversuche über die doppelphasischen Aktionsströme veröffentlichte, die er bei Reizung des Nervus medianus mit einem Einzelschlag von den Unterarmflexoren erhielt, sagte er, er sei auf einen der sichersten Versuche der Elektrophysiologie geführt worden, in dem ausnahmsweise einmal der Mensch schönere und weitergehende Resultate gibt, als der Tierversuch. Für die willkürlich innervierten Kontraktionen gilt das in noch viel höherem Grade. Die Vorteile, die in diesem Falle dem Versuch am menschlichen Muskel gegenüber dem Tierexperiment Überlegenheit verleihen und ein erfolgreiches Arbeiten ermöglicht haben, sind mannigfacher Art. Bedeutsam ist schon der Umstand, daß die elektrische Untersuchungsmethode gestattet, die Aktionsströme vom intakten menschlichen Muskel durch die bedeckende Haut hindurch abzuleiten. Man kann also das Organ unter den normalen Bedingungen der Ernährung, Zirkulation und Temperatur untersuchen und die Störungen dieser Verhältnisse ausschließen, die sich beim blutigen Versuch an Warmblütern leicht in hohem Maße und in oft nicht übersehbarer Weise geltend machen. Außerdem hat man im menschlichen Muskel ein stets disponibles Versuchsobjekt, das nach Monaten und Jahren in unverändertem Zustand von neuem dem Experiment unterworfen werden kann. Dazu kommt ein weiterer, für die Untersuchung der Willkürbewegungen sehr bedeutsamer Vorzug des menschlichen Muskels. Man kann nämlich durch Einsicht in den Versuchszweck diejenigen Muskeln oder Muskelgruppen willkürlich zur Kontraktion bringen, welche der Untersuchung unterzogen werden sollen, und

---

[1]) Harmann, Pflügers Archiv Bd. 16.

man hat es auf diese Weise in der Hand, einen Muskel nach dem andern in weitgehender Isolierung durchzuprüfen; auch hat es keine Schwierigkeit, die Kontraktion nach Intensität und Dauer beliebig zu variieren. Im Tierversuch ist man dagegen auf einzelne sicher erzielbare Reflexbewegungen angewiesen, bei denen häufig die gleichzeitige Kontraktion anderer Muskeln den Versuch stört und die registrierte Stromkurve so kompliziert gestaltet, daß sie nicht mehr deutbar ist. Ein sehr bedeutsamer Vorteil bei manchen menschlichen Muskeln ist dann auch darin gegeben, daß die theoretische Analyse der bei Willkürkontraktion erhaltenen Stromkurven eine sehr gute Basis dadurch erhält, daß es gelingt, dieselben Muskeln auf ihr elektromotorisches Verhalten bei Einzelreizung des motorischen Nerven zu untersuchen und die so erhaltenen Stromkurven miteinander in Beziehung zu setzen. Den besten Beweis für die Überlegenheit der menschlichen Muskeln als Untersuchungsobjekt bei dieser Fragestellung liefert schließlich der Erfolg des Experimentes. Die Konstanz, die Klarheit und der Umfang der Versuchsergebnisse übertrifft bei weitem die der bisherigen gleichartigen Tierversuche.

Unter den menschlichen Muskeln hat sich besonders die Gruppe der Unterarmflexoren für die Untersuchung als geeignet erwiesen. Der Grund liegt darin, daß es, wie oben gezeigt wurde, gelingt, durch Reizung des Nervus medianus oder ulnaris mit Einzelschlägen doppelphasische Aktionsströme in typischer und einfacher Ablaufform abzuleiten und darzustellen. Aus dieser Feststellung ist zu ersehen, daß die Nervenendstellen für die Mehrzahl der fibrillären Kontraktionswellen, die zu einem Muskelende hin ablaufen, annähernd um einen bestimmten Muskelquerschnitt herum verdichtet gruppiert liegen. Von diesem nervösen Äquator gehen bei Einzelreizung des Nerven die Kontraktionswellen der Muskelfibrillen ab und laufen als Schwarm zusammengehalten durch den Muskel hin. Es liegen also bei den Unterarmflexoren relativ einfache Verhältnisse der Muskelinnervation, der Anordnung der Nervenendorgane und der Muskelfasern und infolgedessen auch des Ablaufs der Kontraktionswelle und des zugehörigen Aktionsstromes vor. Die Gunst dieser Verhältnisse läßt diese Muskelgruppe gerade zur Feststellung der Oszillationsfrequenz in jeder Einzelfaser, bei willkürlichen Kontraktionen geeignet erscheinen. Muskeln, bei denen die Darstellung des Aktionsstromes bei Einzelreizung des Nerven sich durch die Verhältnisse ihrer anatomischen Lage oder der Lage ihres Nerven verbietet, und auch solche Muskeln, deren Aktionsstrom infolge komplizierter Verteilung der Nervenendstellen in sehr verschiedenen Querschnitten des Muskels oder infolge komplizierter Anordnung der Muskelfasern ein anderes Bild als das der einfachen doppelphasischen Schwankung bieten, wären zur Untersuchung sehr viel weniger geeignet gewesen, denn es wäre mit großen Schwierigkeiten verbunden, die bei der willkürlichen Kontraktion abgeleiteten Stromwellen mit denjenigen nach Form und Maß zu vergleichen, die bei elektrischer Nervenreizung erhalten werden. Der Vergleich aber mit den Beobachtungen bei elektrischer Nervenreizung, besonders mit der durch Einzelreiz erzeugten einmaligen Zustandsänderung des Muskels und mit der dabei ableitbaren doppelphasischen Aktionsstromwelle muß die Grundlage bilden für die Analyse der komplizierteren Folge von Stromwellen, die bei der Willkürkontraktion registriert werden. Diese Stromoszillationen müssen auf doppelphasische Wellen zurückgeführt werden.

Um die Aktionsströme bei Willkürkontraktionen der Unterarmflexoren zu registrieren, wurde[1]) in ganz derselben Weise mit Trichterelektroden zum Saitengalvanometer abgeleitet, wie es bei der Registrierung der doppelphasischen Ströme bei Einzelzuckungen geschah, und zwar wurde eine Elektrode etwa handbreit unterhalb der Ellenbeuge, die andere etwas oberhalb des Handgelenkes auf der die Flexorengruppe bedeckenden Haut angesetzt. Es war von Interesse, sogleich die Frage in die Untersuchung einzubeziehen, welchen Einfluß die Variierung der Kontraktionskraft auf die Rhythmik der abgeleiteten Stromwellen hat. Zu diesen Versuchen wurden vorzugsweise die Fingerbeuger benutzt, da sich die Kraft des Händedrucks ja sehr leicht willkürlich variieren läßt. Die Versuchsperson nahm einen Dynamometer in die Hand, den bekannten bei der Krankenuntersuchung gebräuchlichen federnden Stahlring, der durch zunehmenden Handdruck in eine flach elliptische Form gepreßt werden kann.

[1]) H. Piper, Über den willkürlichen Muskeltetanus. Pflügers Archiv Bd. 119, S. 301. — Neue Versuche über den willkürlichen Tetanus der quergestreiften Muskeln. Zeitschr. f. Biologie Bd. 50, S. 393.

Das Maß des jeweiligen Druckes kann an dem Instrument abgelesen und während der Ausübung des Druckes dauernd kontrolliert werden.

Es zeigte sich, daß während der Ausübung einer solchen Willkürkontraktion der Fingerbeuger die Saite des Galvanometers in frequenten Schwingungen oszillierte, daß also der abgeleitete

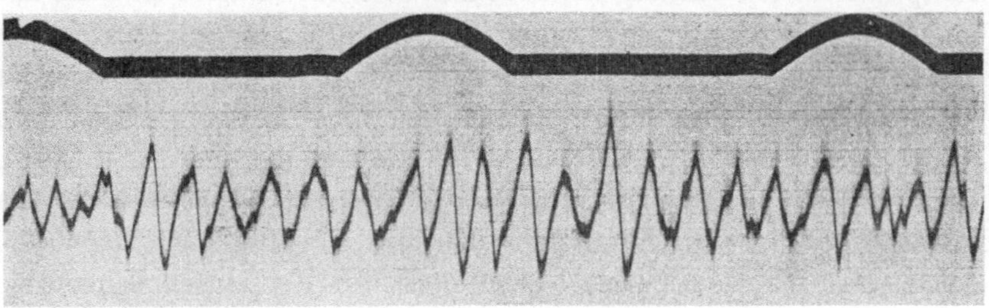

Abb. 26.
Aktionsströme der Unterarmflexoren bei Willkürkontraktion 50er Rhythmus der Hauptwellen, diesen superponiert die Nebenzacken. Zeitschreibung $^1/_5$ Sekundenuhr. Projektion der Galvanometerweite bei 1000facher Vergrößerung.

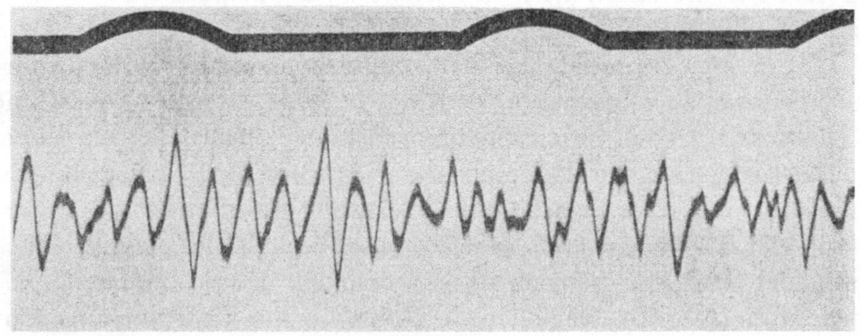

Abb. 27.
Dasselbe wie Abb. 26. Am Ende der Kurve etwas unregelmäßigere Rhythmik, da hier die Nebenzacken mehr hervortreten.

Aktionsstrom ein Wechselstrom ist; Abb. 26 und 27 zeigen den registrierten Kurvenzug der abgeleiteten Aktionsstromwellen. Die Kurven sind zu prüfen auf die Wellenzahl pro Zeiteinheit, auf die Verhältnisse der Amplitüde und der Länge, auf die Formverhältnisse der Einzelwellen und endlich auf die Art der Aufeinanderfolge und die Distanzvariationen der Wellen. Was zunächst die **Frequenz der Stromwellen** betrifft, so zeigte sich, daß diese, sofern man nur die „Hauptwellen" auszählt und zunächst von den vielfach vorkommenden superponierten kleinen Zacken oder Nebenwellen absieht, mit großer Konstanz einen Wert von etwa 50 pro Sekunde beibehält. Hieran wird nichts geändert dadurch, daß man etwa die Ausdehnung der Kontaktfläche der Ableitungselektrode größer oder kleiner macht; bei

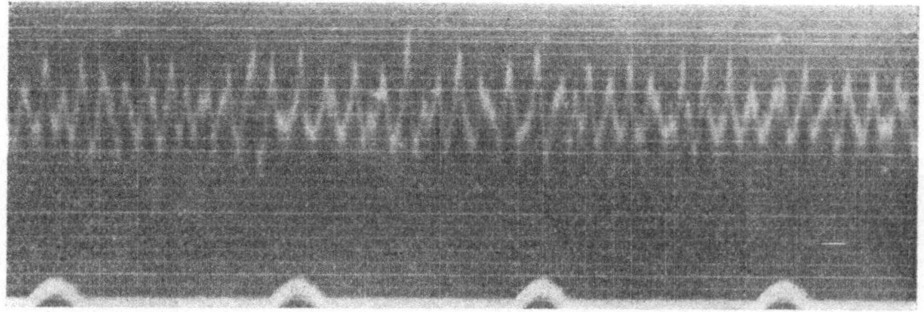

Abb. 28.

Abb. 28 und 28a. Aktionsströme bei Willkürkontraktion 50er Rhythmus. Saite so weit entspannt, daß ein Millivolt ohne Zusatzwiderstände im Stromkreis das Projektionsbild der Saite etwa um 7 mm ablenkt (Abb. 28a). Vergrößerung des Saitenbildes 700fach. (Nach Kohlrausch.)

Abb. 28a.

Benutzung von Trichterelektroden kleinerer Öffnung wird nur die Amplitüde der abgeleiteten Stromwellen kleiner, und das entspricht der einfachen Tatsache, daß in diesem Falle weniger Stromschleifen die Elektroden schneiden als bei großer Kontaktfläche. Auch bei Änderung der Saitenspannung im Galvanometer bleibt der 50er Rhythmus der Aktionsstromoszillationen in typischer Ausprägung erhalten. Spannt man die Saite maximal, also nahe zum Zerreißen, so reagiert sie schneller, aber nicht mehr aperiodisch auf durchgeleitete Stromschwankungen (vgl. Fig. 28 und 29). Auch unter diesen Bedingungen bleibt der 50er Rhythmus der Hauptwellen bestehen; die superponierten frequenten kleinen Nebenzacken treten dabei etwas deutlicher hervor, als bei Registrierung mit erschlaffter Saite. Neuerdings hat auch

Buchanan[1]) meine hier beschriebene Versuchsmethodik übernommen, die Ströme aber mit dem Kapillarelektrometer registriert. Es werden in dieser Arbeit mehrere Kurven mit typisch ausgeprägtem 50er Rhythmus abgebildet. Es handelt sich also um einen Tatsachenkomplex, der sich mit sehr verschiedenen Methoden in immer gleicher Weise darstellen läßt.

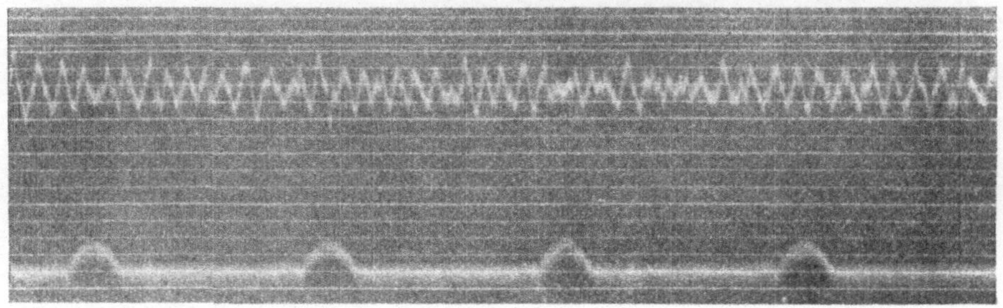

Abb. 29.

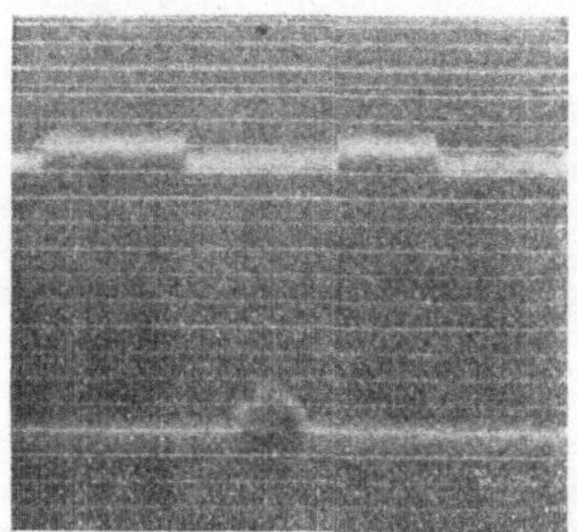

Abb. 29a.

Abb. 29 und 29a. Dasselbe. Saite stark gespannt, so daß ein Millivolt 1 mm Ausschlag des Saitenbildes bei 700-facher Vergrößerung gibt und daß die Saite sich nicht mehr aperiodisch einstellt (Abb. 29a). Der 50er Rhythmus bleibt, stellt sich also unabhängig von Saitenspannung dar. Vergrößerung des Saitenbildes 700fach. (Nach Kohlrausch.)

Sehr wesentlich ist es aber, daß auch bei Variierung der Kontraktionskraft die Frequenz der registrierten Hauptwellen nicht abgeändert wird. Es treten dabei ausschließlich Wellen kleinerer Amplitüde auf, die aber die Frequenz von etwa 50 pro Sekunde konstant festhalten. Abb. 30 zeigt einen solchen Kurvenzug, bei dem die Flexoren mit so großer Kraft innerviert wurden, daß das Dynamometer sich auf Skalenteil 20 einstellte. In der Abb. 31 wurde das Instrument nur bis auf den Skalenteil 5 zusammengedrückt und bei dem Versuch der Abb. 32 blieben die Einstellungen etwas unter dem Wert 5.

[1]) F. Buchanan, The electrical response of muscle to voluntary reflex and artificial stimulation. Quarterl. Journ. of exper. Physiol. Bd. 1. Siehe hierzu meine kritischen Bemerkungen in H. Piper, Zur Kenntnis der tetanischen Muskelkontraktionen. Zeitschr. f. Biol. Bd. 52, S. 90.

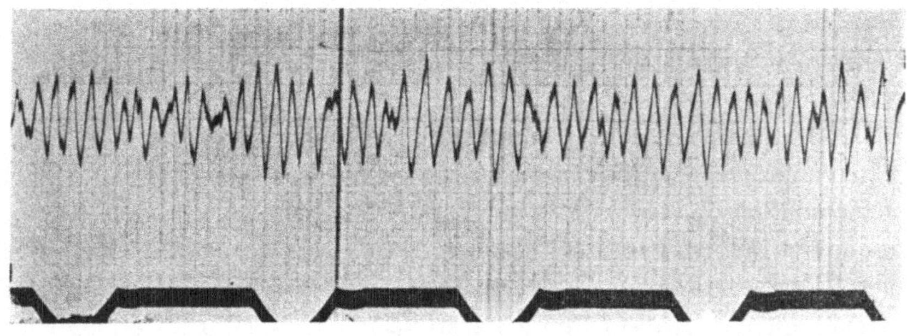

Abb. 30.

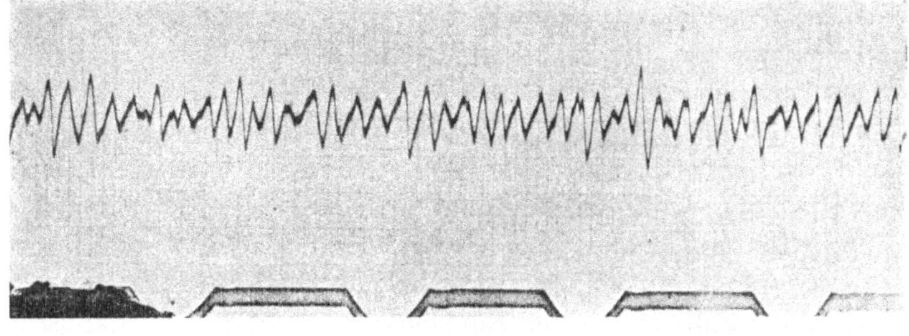

Abb. 31.

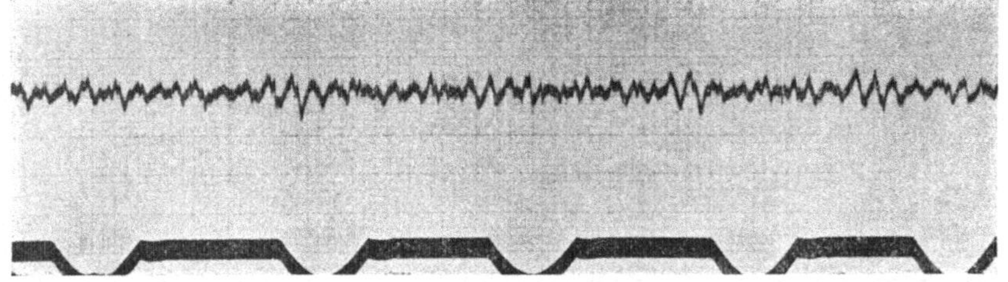

Abb. 32.

Abb. 30 bis 32. Aktionsströme bei Willkürkontraktion der Unterarmflexoren. Zusammendrücken eines Dynamometers bei Kurve 28 bis auf Skalenteil 20 (maximal), bei Kurve 29 bis auf Skalenteil 5, bei Kurve 29 sehr schwache Kontraktion (weniger als Skalenteil 5 am Dynamometer). Frequenz der Hauptwellen in allen Kurven etwa 50 pro Sekunde; nur die Amplitüde variiert abhängig vom Grad der Kontraktion. In Kurve 29 treten stellenweise die Nebenzacken stark hervor. Vergrößerung des Saitenbildes 500fach.

Alle diese Kurven zeigen dieselbe Frequenz der Hauptwellen pro Zeiteinheit, nämlich 50 pro Sekunde. Diese Zahl ist also eine von der Kontraktionskraft unabhängige Konstante des untersuchten, aus Innervationsapparat und Muskel bestehenden Systems.

Man kann ohne Schwierigkeit, wie schon bemerkt, in jedem Kurvenzug Hauptwellen und superponierte Nebenzacken unterscheiden (vgl. Abb. 26 u. 27). Auf die Bedeutung der Nebenzacken wird bei der theoretischen Analyse noch näher einzugehen sein. Nur sehr wenige von den Hauptwellen haben einen ganz einfachen glatten Ablauf, die meisten haben im ansteigenden oder absteigenden Schenkel manchmal 3 oder 4 aufgesetzte Nebenzacken, und es sind doppelte, dreifache oder vierfache Gipfelpunkte an den Wellen ausgebildet. Aber fast überall gelingt es ohne weiteres, die Hauptwellen zu erkennen und von den aufgesetzten Nebenerhebungen zu unterscheiden. Nur an wenigen Stellen des Kurvenzuges kann man bei der Auszählung der Hauptwellen Zweifel haben. So ist es bei meinen Muskeln und bei der Mehrzahl der anderen auf diese Weise von mir untersuchten Versuchspersonen; nur selten findet man Individuen, bei denen der 50er Rhythmus, wenn auch vorhanden, doch nur wenig ausgesprochen in der Aktionsstromkurve hervortritt, und man kann in solchem Falle zuerst den Eindruck haben, daß eine inkonstante Zahl von Stromwellen pro Zeiteinheit von beträchtlicher Variabilität der Wellenlänge und meist kleiner Amplitüde vorliegt. Aber auch dann wird man sich bei genauerer Prüfung der Kurven und namentlich beim Vergleich mit solchen, die den 50er Rhythmus typisch zeigen, wohl stets überzeugen, daß der 50er Rhythmus, wenn auch undeutlich und verhüllt, vorliegt.

Die Amplitüde der abgeleiteten Stromwellen variiert mit der Kraft der Muskelkontraktion, ohne daß es vorläufig angängig erscheint, eine zahlenmäßige Beziehung zwischen Größe der Muskelkontraktion und elektromotorischer Begleiterscheinung anzugeben. Die Stromwellen, welche aufgesetzte Nebenwellen zeigen, sind regelmäßig von geringerer Amplitüde als diejenigen Hauptwellen, die ganz einfache Ablaufformen aufweisen. Sehr bemerkenswert ist die Tatsache, daß regelmäßig die Ablenkung der Saite aus der Ruhelage nach oben einen gleich großen Ausschlag nach unten im Gefolge hat, d. h. zu einem Wellenberg in den Kurven von großer Amplitüde gehört stets ein Wellental von gleichfalls großer Amplitüde, während auf kleine Wellenberge auch kleine Täler folgen (Abb. 26 und 27). Dadurch markiert sich ein Wellenberg und das darauf folgende Wellental (nicht das vorangehende Wellental in den hier wiedergegebenen Kurvenbildern) als zusammengehörig. Eine solche Welle entspricht, wie zu zeigen sein wird, einer doppelphasischen Stromschwankung, wie sie bei Einzelreizung des motorischen Nerven aufgenommen wurde, und zwar der Wellenberg der ersten Phase, die zur Ableitung kommt, wenn die Kontraktionswelle unter der oberen Elektrode hinläuft, das Wellental der zweiten Phase, die dem Durchgang der Muskelwelle unter der unteren Elektrode entspricht. An diesem Amplitüdenverhältnis kann man in dem sonst ununterbrochenen Stromwellenzug die zusammengehörigen Halbwellen herausfinden, und das ist für die theoretische Analyse unter Umständen von großem Wert. Die Amplitüde der bei Willkürkontraktion abgeleiteten Stromwelle ist im übrigen von nicht beträchtlich verschiedener, aber wohl etwas geringerer Größenordnung als diejenige des doppelphasischen Stromes, den man bei elektrischer Einzelreizung des motorischen Nerven registriert (vgl. Abb. 33 mit Abb. 34).

Was die Länge oder Dauer der Einzelwellen betrifft, so ist diese von dem Punkte ab zu rechnen, in dem die Abweichung der Saite von der Mittellage beginnt, und bis zu dem Punkt zu messen, in dem nach Beendigung einer doppelphasischen Schwankung die Mittellage wieder erreicht wird. Da die einzelnen Wellen ohne Zeitabstand aufeinanderfolgen, so ist es schwierig, beide Punkte genau festzustellen; da aber die Längen aller Hauptwellen einander annähernd gleich sind, und da 50 solcher Hauptwellen pro Sekunde aufeinander folgen, so beträgt die Länge oder Dauer jeder Hauptwelle im Mittelwert $^1/_{50}$ Sekunde. Auf Wellen, deren Längen über diesen Wert hinausgehen, folgen regelmäßig solche von weniger als $^1/_{50}$ Sekunde Dauer; infolgedessen bleibt trotz der Längenvariation der Einzelwellen im ganzen Kurvenzug die Oszillationsfrequenz pro Sekunde konstant. Auf die theoretische Deutung der Wellenlängendifferenzen wird unten zurückzukommen sein.

2. Theoretische Analyse.

Die historische Betrachtung der früheren Untersuchungen über die Willkürkontraktion hat gezeigt, daß die Ansichten über das Zustandekommen natürlich innervierter Muskelkontraktionen sehr auseinandergehen. Das nunmehr besprochene Tatsachenmaterial bietet die Unterlage, um auf viele bisher offene Fragen eine eindeutige Antwort zu geben. Zuerst ist die Frage aufzuwerfen, ob überhaupt der Rhythmus der muskulären Oszillationen direkt und einfach von dem Rhythmus der Innervationsimpulse abhängig gedacht werden darf, oder ob angenommen werden muß, daß die Impulse des Zentralnervensystems in bestimmter Ordnung und Frequenz zum Muskel gelangen, daß dieser aber die Reize beantwortet, indem er sie in einen andern, nämlich in den Eigenrhythmus seiner kontraktilen Substanz übersetzt. Dabei wäre möglich, daß der Rhythmus der Nerventätigkeit entweder in höherer oder geringerer Frequenz oszilliert als der Muskelrhythmus.

Für die unabhängige Existenz eines nervösen und eines muskulären Eigenrhythmus läßt sich anführen, daß die von Kronecker und Hall[1]) und Horsley und Schäfer[2]) auf 20 angesetzten, von v. Kries[3]) auf 10 gezählten Dickenschwankungen des Muskels eine ganz andere Frequenz haben, als die hier auf etwa 50 pro Sekunde festgesetzten muskulären Aktionsstromoszillationen. Auch das Zittern bei erheblicher Muskelanspannung geht in viel langsamerer Periode als die elektrischen Oszillationen vor sich. Faßt man also die mechanisch nachweisbare Schlagfrequenz des Muskeltremors als Ausdruck für die Zahl der zuströmenden Nervenreize auf, so müßten durch jeden Innervationsimpuls mehrere, etwa 4—5 Muskelwellen ausgelöst wsrden. Indessen schon ohne Rücksicht auf die hier neu mitgeteilten Versuchsergebnisse lassen sich die genannten Befunde mit gleicher Wahrscheinlichkeit durch die Annahme von Intensitätsschwankungen der Innervationsimpulse oder von Erregbarkeitsschwankungen der Muskelsubstanz erklären, wie sie als direkte Zeichen der Innervationsperiode betrachtet werden können. Auch die

[1]) Stanley Hall und Kronecker, Arch. f. Physiologie 1879.

[2]) Horsley und Schäfer, Journal of Physiology vol. 7, p. 96.

[3]) v. Kries, l. c.

Schlagfrequenz des bei maximaler Muskelanspannung auftretenden Zitterns läßt keine begründeten Schlüsse auf den Innervationsrhythmus zu und dürfte auf Schwankungen in der Intensität der Muskelkontraktion oder auf einer labilen Ausbalanzierung der Flexoren und der gleichzeitig kontrahierten Antagonisten beruhen.

Für die Selbständigkeit eines muskulären Eigenrhythmus sprechen ferner die Versuche von Burdon-Sanderson[1]), Buchanan[2]), Garten[3]) und Dittler[4]), die unter manchen Bedingungen oszillatorische Prozesse im Muskel feststellten, deren Periode unabhängig von der Periode der Reizung war. Hiernach läge gleichfalls die Möglichkeit vor, daß der Muskel auf jeden Impuls mit mehreren Oszillationen antwortet, daß also die Innervations-Impulse und die Reaktionsschwingungen der Muskelsustanz verschiedene Frequenz haben. Es ist indessen zu bemerken, daß solche Eigenperioden im Muskel nur unter bestimmten, der Norm ziemlich fernliegenden Bedingungen beobachtet werden, daß dagegen der intakte Muskel auf Einzelreize im allgemeinen mit einer einzigen Zustandsänderung reagiert, und nicht in periodische Tätigkeit eintritt. Andere Gründe, die gleichfalls beweisen, daß der Muskel nicht mit seinen Eigenschwingungen bei der natürlichen Innervation reagiert, werden weiter unten besprochen werden. So viel ist jedenfalls sicher, daß bei elektrischer Tetanisierung des motorischen Nerven und Innehaltung von Reizfrequenzen, die für die physiologische Innervation überhaupt in Frage kommen, ein vollkommener Parallelismus zwischen Reizzahl und Zahl der Kontraktionswellen erwiesen ist. Da hier eine direkte Abhängigkeit der Zahl der muskulären Zustandsänderungen von der Zahl der zuströmenden Nervenimpulse vorhanden ist, wird man diese Vorstellung auch für die physiologische Muskelinnervation festhalten, es sei denn, daß ganz stringente Gegenbeweise erbracht werden. Solche liegen indessen

1) Burdon-Sanderson, Journal of Physiology vol. 18, p. 117. 1894, und vol. 23 p. 325. 1898. — Ferner in Schäfer, Textbook of Physiology Part. II, p. 425.

2) Buchanan, Journal of Physiology vol. 27. 1901.

3) Garten, Abhandl. d. K. Sächs. Gesellsch. d. Wissensch., math.-phys. Klasse, Bd. 26, Nr. 5, S. 330

4) Dittler, l. c.

keineswegs vor, vielmehr sprechen sehr gewichtige Gründe für die Richtigkeit der Analogie von elektrischer und natürlicher Tetanisierung des Muskels. Der unter den Versuchsbedingungen von Burdon-Sanderson und Garten hervortretende muskuläre Eigenrhythmus ist jedenfalls nur sehr locker; bei elektrischen Reizversuchen unter normalen Verhältnissen verrät er sich überhaupt nicht, und die Eigenschwingungen lassen sich ohne weiteres durch Abänderung der Reizfrequenz in „erzwungene" überführen, und solche liegen, wie zu beweisen sein wird, auch bei der Willkürkontraktion vor.

Die Gründe, die Wedensky[1]) aus seinen telephonischen Untersuchungen über die Aktionsströme des Muskels für die Ansicht entnahm, daß ein hochfrequenter Innervationsrhythmus in einen muskulären Eigenrhythmus geringer Frequenz übersetzt werde, scheinen mir so unsicherer Art zu sein, daß sie gegen die Feststellungen an Gewicht ganz zurücktreten müssen, die mit den neueren, sehr viel leistungsfähigeren Instrumenten, z. B. dem Saitengalvanometer, sich ergeben haben. Wenn man die Kurve der Muskelströme betrachtet, so wird man für den geräuschartigen Charakter der Telephonrhythmen die unregelmäßigen Schwankungen der Länge, Amplitüde, Ablaufform und der Art der Aufeinanderfolge der Aktionsstromwellen und der auslösenden Nervenimpulse verantwortlich machen, aber kaum dem Gedanken Raum geben, daß diese durch hochfrequente Innervationsimpulse und Transformierung derselben in einen andern Muskelrhythmus bedingt sind.

Immerhin hat auch Garten diese Möglichkeit ins Auge gefaßt, indem er angibt, daß der Muskelrhythmus bei Willkürkontraktion und derjenige, den man bei Reizung des motorischen Nerven mit hochfrequenten Stromstößen erhält, von gleicher Oszillationsfrequenz sei. Diese Angabe steht aber mit meinen[2]) Erfahrungen und denen Hoffmanns[3]) in Widerspruch. Wir erhalten niemals bei hochfrequenter Nervenreizung den für die Willkürkontraktion typischen 50er Rhythmus wieder.

---

[1]) Wedenski, Arch. f. Physiologie 1883, S. 317, und Archives de Phys. 1891.

[2]) H. Piper, Über die Rhythmik der Innervationsimpulse usw. Zeitschr. f. Biologie Bd. 53, S. 154.

[3]) Hoffmann, Rubners Archiv f. Physiologie 1910.

Entscheidend für die Vorstellung, daß der Muskelrhythmus direkt durch gleichfrequente Innervationsimpulse bestimmt ist, fallen m. E. die Tatsachen in die Wagschale, die bei elektrischer Reizung des Muskels vom Nerven aus festgestellt sind. Namentlich zwei hierher gehörige experimentelle Befunde werden noch mit eingehender Begründung als Beweise für die direkte Abhängigkeit des Muskelrhythmus von der Zahl der Innervationsimpulse eingehend zu besprechen sein: erstens die Tatsache, daß sich der 50er Rhythmus der Willkürkontraktion nur durch eine gleichfrequente Nervenreizung künstlich nachahmen läßt, und durch keine andere Methode der Reizung, daß also 50 Innervationsimpulse erforderlich sind, und zweitens der Nachweis, daß jede einzelne der Stromwellen, die bei der Willkürkontraktion abgeleitet wird, äquivalent ist einer solchen doppelphasischen Stromwelle, die bei Einzelreizung des Nerven vom Muskel erhalten wird.

Nimmt man diese Vorstellung an, so sind wiederum verschiedene Möglichkeiten ins Auge zu fassen. Es handelt sich um die Entscheidung in der Alternative, die Brücke (l. c.) durch die Gegenüberstellung der Möglichkeit einer salvenmäßigen und einer pelotonfeuermäßigen Innervation der Muskeln prägnanten Ausdruck gegeben hat. Die Frage ist also, ob zur Innervierung einer Willkürkontraktion den Fasern des Muskels 50 aufeinanderfolgende Salven von Innervationsimpulsen zugeschickt werden, oder ob die Impulse die einzelnen Nervenfasern mit solchen Abständen durchlaufen, daß sie in den Nervenendorganen der einzelnen Muskelfasern ungleichzeitig, „pelotonfeuermäßig“ eintreffen.

Hier ist es nun am Platze, ehe die Beantwortung dieser Frage versucht wird, eine genauere Orientierung über das Zustandekommen der vom Muskel abgeleiteten Aktionsströme zu suchen. Was man zum Galvanometer ableitet, sind die elektrischen Potentiale und deren Schwankungen, die an den die Elektroden tragenden Punkten zur Entwicklung gelangen. Diese Potentiale sind aber die auf den Ableitungsort bezogenen Resultanten aller derjenigen Einzelströme, die mit dem Ablauf der Kontraktionswellen in jeder einzelnen Muskelfaser entstehen. Natürlich gehen die Ströme der einzelnen Fasern je nach ihrer Entfernung ihres Ursprungsortes vom Ort der Ableitungselektrode und je nach den Widerstandsverhältnissen der zwischenliegenden Gewebsschichten mit sehr verschiedenen Werten in das dort erzeugte elektrische Potential ein. Sie interferieren miteinander und üben durch Größe und Vorzeichen in derselben Weise auf die Resultanten, d. i. den abgeleiteten Strom ihren Einfluß aus, wie dies etwa für die Superposition interferierender Schallwellenzüge bekannt ist.

Es ist nun zu beachten, daß durch jede einzelne Muskelfaser eine Kontraktionswelle hinläuft; würden an jeder einzelnen solchen Faser an zwei Punkten der Oberfläche Ableitungselektroden angelegt, so würde man von jeder eine doppelphasische Aktionsstromwelle einfachster Ablaufform erhalten. Wenn man ein Bündel solcher Muskelfasern hat und von diesen die Aktionsströme von zwei Oberflächenpunkten ableitet, so gehen alle doppelphasischen Stromwellen, die den fibrillären Kontraktionswellen entsprechen, in den Ableitungsstrom ein. Laufen die fibrillären Kontraktionswellen dicht gedrängt wie ein Schwarm durch das Faserbündel hindurch, so fügen sich alle doppelphasischen Ströme im Ableitungsstrom mit gleichen Phasen additiv zusammen und die resultierende Stromwelle wird eine erheblich größerere Amplitüde zeigen, als jede Welle, die man von einer einzelnen Faser hätte erhalten können. Sie wird aber dieselbe Ablaufform oder die gleichen Ordinatenverhältnisse aufweisen, die jede einzelne fibrilläre Aktionsstromwelle gezeigt hat.

Wenn aber die Kontraktionswellen nicht schwarmartig zusammengehalten durch das Muskelfaserbündel hindurchlaufen, sondern in Abständen aufeinanderfolgen, so können die Aktionsstromwellen der einzelnen Fasern nicht gleichphasisch im Ableitungsstrom interferieren; die den Einzelfasern zugeordneten doppelphasischen Stromwellen sind vielmehr im Ableitungsstrom zeitlich gegeneinander verschoben; folgen sich die Kontraktionswellen mit so großem Abstand, daß die einen bereits an der unteren Ableitungselektrode angekommen sind, wenn die anderen noch unter der oberen sich befinden, so sind die zugehörigen doppelphasischen Stromwellen um $^1/_2$ Periodendauer gegeneinander verschoben, sie interferieren im Ableitungsstromkreis mit Gegenphasen und heben sich gegenseitig auf. Man erhält also gar keinen Ableitungsstrom. Hieraus geht hervor, daß man den Ableitungsstrom immer betrachten muß als die Resultierende sehr vieler doppelphasischer Einzelströme, die mit gleichen oder mit verschiedenen Phasen miteinander interferieren können.

So liegt es auch bei den hier zu betrachtenden Verhältnissen der Willkürkontraktion in den Unterarmflexoren. Wenn die Kontraktionswellen aller Einzelfasern des Muskels, als Schwarm zusammengehalten, zuerst am Ort der einen, später am Ort der zweiten Elektrode vorüberlaufen, wenn sie also sämtlich a tempo jeden gegebenen Muskelquerschnitt passieren, so sind in einem Augenblick alle Fasern unter dem Ort der einen Ableitungselektrode, eine kurze Zeit später unter dem Ort der andern Elektrode elektronegativ. Die zur Ableitung kommenden doppelphasischen Aktionsströme aller Einzelfasern interferieren also im Ableitungsstrom ohne Phasendifferenz, d. h. die elektromotorischen Kräfte der Einzelfibrillen addieren sich, der resultierende Strom wird durch Summation groß und er zeigt in seinem zeitlichen Ablauf die gleichen Ordinatenverhältnisse oder die gleiche Schwankungskurve, welche der jeder Faser zugehörige Aktionsstrom aufweisen würde, d. h. die einfache Form einer doppelphasischen Aktionsstromwelle. Wenn mehrere solcher Schwärme von Kontraktionswellen nacheinander durch den Muskel hindurchlaufen, so läßt die Zahl der abgeleiteten Stromwellen ohne weiteres die Zahl der in jeder Fibrille pro Zeiteinheit abgelaufenen Kontraktionswellen erkennen.

Ganz anders würden die Verhältnisse liegen, wenn die Kontraktionswellen der einzelnen Fasern zu ungleichen Zeiten durch jeden gegebenen Muskelquerschnitt, bzw. durch die Orte der Ableitungselektroden hinlaufen. Sind in jedem gegebenen Zeitteilchen die Kontraktionswellen aller Einzelfibrillen so über den ganzen Muskel verteilt, daß in jedem Muskelquerschnitt gleich viele und in gleichmäßiger Verteilung im Durchgang begriffen sind, so interferieren unter jeder Elektrode gleich viel positive wie negative Stromwellenphasen, die Ströme heben sich gegenseitig auf, es entsteht keine Potentialdifferenz zwischen beiden Ableitungsstellen, und von den fibrillären Aktionsstromwellen kommt nichts zur Ableitung.

Ist keine derartige Ordnung in der Verteilung der Kontraktionswellen eingehalten, sind also die fibrillären Kontraktionswellen ganz regellos vereinzelt oder in Gruppen in jedem gegebenen Zeitteilchen über den Muskel hin verteilt, so interferieren die doppelphasischen Aktionsströme aller Einzelfasern derart, daß der resultierende Ableitungsstrom in manigfachen unregelmäßigen Schwankungen von geringer Amplitüde, variabler Wellenlänge und inkonstanter Zahl pro Zeiteinheit verlaufen müßte. Die Zahl der Stromwellen würde dann keine Schlüsse auf die Periode ihrer Komponenten, d. h. der Fibrillenströme zulassen und man könnte aus den Aktionsströmen nicht erkennen, in welcher Rhythmik die Muskelsubstanz jeder einzelnen Faser schwingt. Dies wäre höchstens denkbar, wenn eine periodische Wiederkehr desselben Stromkurvenbildes zu beobachten wäre, d. h. wenn nur relativ wenige Phasendifferenzen zwischen den Einzelströmen vorkämen und wenn zwischen diesen eine zeitliche Verschiebung ausgeschlossen wäre. Ursache eines solchen Verhaltens der Ströme müßte eine Gruppenbildung unter den ablaufenden Kontraktionswellen sein.

Setzen wir, wie wohl anzunehmen ist, voraus, daß die Kontraktionswellen sich in allen Fibrillen eines Muskels und zu jeder Zeit mit derselben Geschwindigkeit fortpflanzen, so können zeitliche Abstände ihrer Querschnittsdurchgänge durch zwei Faktoren bedingt sein, einmal dadurch, daß die Wellen zwar gleichzeitig, aber von verschiedenen Muskelquerschnitten aus ihren Ursprung nehmen, und zweitens dadurch, daß sie von einem bestimmten Querschnitt zu verschiedenen Zeiten ausgehen. Natürlich können beide Momente kombiniert Geltung haben. Die Kontraktionswellen würden in sehr verschiedenen Querschnitten des Muskels ihren Ursprung nehmen, wenn die Mehrzahl der Nervenendstellen der einzelnen Muskelfasern nicht verdichtet in einer mittleren Zone, dem nervösen Äquator, beisammen, sondern über dem ganzen Muskel hin gleichmäßig verteilt läge. Sie würden mit Zeitabständen vom gleichen Querschnitt ausgehen, wenn die Nervenendstellen zwar in einem bestimmt lokalisierten Äquator lägen, wenn aber die Erregungen bei den einzelnen Endapparaten ungleichzeitig einträfen, wenn also Brückes Pelotonfeuerhypothese der Muskelinnervation zu Recht bestände.

Für die Flexoren des Unterarmes ließ sich nachweisen — und das machte sie ja gerade für die theoretische Analyse besonders geeignet —, daß die örtlich differente Lage der Nervenendstellen in verschiedenen Muskelquerschnitten nur in so geringem

Maße und so theoretisch übersehbar in Betracht kommt, daß eine mittlere Muskelzone als „nervöser Äquator“ erwiesen werden kann. Wäre dies nicht der Fall, so müßte sich das offenbar dadurch geltend machen, daß bei elektrischer Reizung des Nerven mit Einzelschlägen die abgeleiteten Aktionsströme der einzelnen Muskelfasern mit Phasenunterschieden interferieren. Der Aktionsstrom der Unterarmflexoren zeigt aber den einfachst möglichen Ablauf, die bekannte doppelphasische Schwankung. Da nun in diesem Versuch die Innervationsimpulse gleichzeitig bei allen Nervenendorganen salvenmäßig eintreffen, und da nach Ausweis des Muskelstromes die Kontraktionswellen aller Fasern annähernd gleichzeitig durch jeden gegebenen Muskelquerschnitt als Schwarm zusammengehalten hindurchgehen, so müssen die Ursprungsorte dieser Wellen in einer bestimmten Muskelzone, d. h. dem nervösen Äquator liegen. Ohne diesen Versuch wäre die Analyse der bei Willkürkontraktionen erhaltenen Stromkurven sehr schwierig gewesen. Wenn der bei Einzelreizung abgeleitete Strom eine komplizierte Wellenperiode hätte erkennen lassen, so wäre die Deutung aller andern Befunde erheblich komplizierter gewesen und vielleicht ziellos geworden. Die Ausführung des elektrischen Reizversuches und die Auswahl solcher Muskeln zur Untersuchung, die hierbei einen klaren und einfachen Aktionsstrombefund ergeben, ist also zur Gewinnung einer sicheren Basis für die Deutbarkeit der Stromkurven, welche bei Willkürkontraktionen gefunden werden, unumgänglich notwendig.

Für die willkürliche Innervierung ist nun die Frage aufzuwerfen, ob die Muskelfasern sämtlich gleichzeitig ihre Innervationsimpulse erhalten oder ob derartige Salven von Impulsen nicht anzunehmen sind. Wenn wir die Aktionsströme ins Auge fassen, so ist die Frage so zu formulieren: beweisen die Ergebnisse der objektiven Registrierung der Aktionsstromoszillationen, daß die Kontraktionswellen der einzelnen Fasern alle gleichzeitig vom nervösen Äquator abgehen, oder lassen die Kurven das Gegenteil schließen, daß nämlich die einzelnen Kontraktionswellen ungleichzeitig vom nervösen Äquator abgehen, daß sie also ihre Impulse vom Zentralnervensystem nicht salvenmäßig sondern mit Zeitabständen pelotonfeuermäßig erhalten.

Wenn salvenmäßige Innervation erfolgt, so entspricht jede der Stromwellen, die mit der Frequenz 50 pro Sekunde registriert wurde, dem Ablauf eines Schwarmes von fibrillären Kontraktionswellen, und folgerichtig wird zu schließen sein, daß dem Muskel 50 Innervationssalven pro Sekunde zuströmen. Man kann zeigen, daß dies tatsächlich der Fall ist; um den Beweis zu führen, wird darzutun sein, daß die abgeleiteten Stromwellen diejenigen Merkmale bieten, die bei phasengleicher Interferenz aller Fibrillenströme zu erwarten sind, und ferner wird zu zeigen sein, daß jede der bei willkürlicher Innervation gefundenen Stromwellen gleichzusetzen ist der doppelphasischen Stromschwankung, die bei Einzelreizung des motorischen Nerven, also auf eine einzige Innervationssalve, registriert wird.

Als erstes Argument, das dies beweist, sei hier angeführt, daß die Form der einzelnen Stromwellen eine solche ist, wie sie bei annähernd phasengleicher Interferenz der Einzelströme zu erwarten wäre. Weitaus die meisten Stromschwankungen, besonders bei kräftigen Kontraktionen oszillieren ziemlich glatt, um die Ruhelage auf und nieder und den im 50er Rhythmus oszillierenden Hauptwellen sind nur wenige kleinere superponiert. Dies alles weist schon darauf hin, daß sehr wahrscheinlich die Innervationsimpulse als Salven bei den Nervenendorganen eingetroffen sind, allerdings nicht mit solcher Präzision wie bei der elektrischen Reizung des Nerven, sondern mit, wenn auch geringen, Zeitabständen. Infolgedessen dürfte auch der Kontraktionswellenschwarm nicht so dicht beisammengehalten durch den Muskel hinlaufen, wie bei elektrischer Reizung, sondern in etwas mehr gelockerter Anordnung. Daraus ergibt sich dann, daß die doppelphasischen Ströme der fibrillären Kontraktionswellen im Ableitungsstrom zwar angenähert, aber nicht vollständig gleichphasisch interferieren, was doppelphasische Ströme mit superponierten Zacken im Gefolge haben muß.

Ein weiterer Grund, der für eine salvenmäßige Innervierung der Flexoren bei der Willkürkontraktion spricht, ist aus den Größenverhältnissen der Stromoszillationen zu entnehmen. Die Amplitüde der Stromwellen, besonders bei kräftiger Willkürkontraktion, ist eine so große, daß sie wohl nur durch annähernd phasengleiche Interferenz der Fibrillenströme, also durch Summation entstanden sein kann (vgl. Abb. 33 mit 34). Würden die Einzelströme der Muskelfasern mit verschiedenen Phasen interferieren, so müßten vielfach Potentiale von entgegengesetztem Vorzeichen in jedem gegebenen Zeitmoment am Ableitungsort zusammenkommen und sich gegenseitig aufheben; man hätte also erheblich kleinere Ströme zu erwarten, als in den Fällen, wo phasendifferente Interferenz der Einzelströme nicht vorkommt.

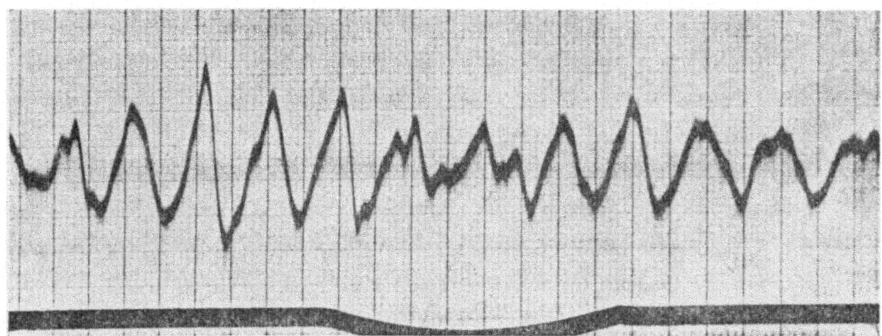

Abb. 33.
Aktionsströme der Unterarmflexoren bei Willkürkontraktion. Etwa 1000fache Vergrößerung des Projektionsbildes der Saite. Abstände der dickeren Ordinaten 0,01 Sekunde. Projektion des Saitenbildes bei 1000facher Vergrößerung.

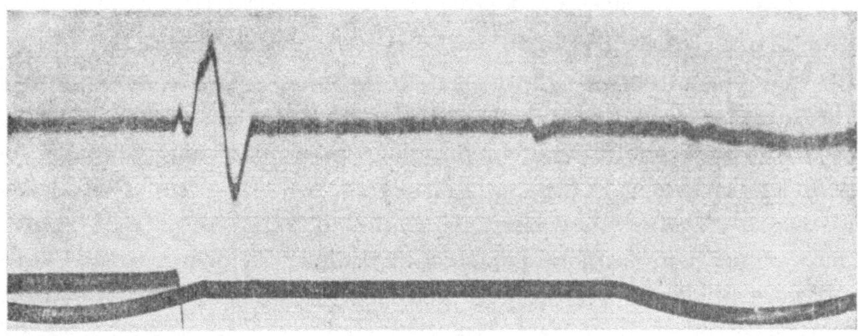

Abb. 34.
Doppelphasischer Aktionsstrom bei Einzelzuckung der Unterarmflexoren; Reizung des Nervus medianus durch einen Öffnungsinduktionsschlag. Dauer und Amplitüde der Stromwelle ist von gleicher Größenordnung wie die der Wellen in Kurve 30. Projektion des Saitenbildes bei 1000facher Vergrößerung.

Von erheblich größerer Beweiskraft für die Auffassung, daß die Innervation bei der Willkürkontraktion salvenmäßig erfolgt ist, ist nun der Vergleich der dabei registrierten Stromwellen mit derjenigen, die bei elektrischer Einzelreizung des motorischen Nerven als doppelphasischer Aktionsstrom zur Beobachtung kommt. Bei kräftiger Willkürkontraktion ist die

Amplitüde der abgeleiteten Stromwellen von etwas, aber nicht wesentlich niedrigerer Größenordnung als die doppelphasische Stromwelle bei elektrischer Einzelreizung hat. Im letzteren Falle findet sicher salvenmäßige Innervation und sehr annähernd phasengleiche Interferenz der Fibrillenströme statt, also wird es auch bei der Willkürkontraktion der Fall sein. Noch auffälliger ist die folgende Übereinstimmung: die doppelphasische Stromwelle, die bei elektrischer Einzelreizung des Nerven registriert wird, hat eine Dauer, d. h. eine Wellenlänge von sehr annähernd $^1/_{50}$ Sekunde, jede der Hauptwellen, die bei der Willkürkontraktion in einer Frequenz von 50 pro Sekunde registriert werden, hat gleichfalls im Mittel eine Länge von $^1/_{50}$ Sekunden. Dies beweist wohl schlagend, daß jede der im 50er Rhythmus ablaufenden Aktionsstromwellen äquivalent ist einer solchen, die bei elektrischer Einzelreizung des Nerven erhalten wird. Daraus ergibt sich, daß 50 Innervationssalven pro Zeiteinheit vom Zentralnervensystem zum Muskel zur Auslösung einer Willkürkontraktion geschickt werden und daß vom nervösen Äquator 50 Schwärme von fibrillären Kontraktionswellen pro Zeiteinheit durch den Muskel hinlaufen.

Noch einmal ist allerdings zu betonen, daß viele von den Hauptwellen, die bei der Willkürkontraktion gefunden werden, nicht die einfache Form des Ablaufs zeigen, wie man sie meistens beim elektrischen Reizversuch beobachtet. Die superponierten kleineren Nebenwellen lassen schließen, daß innerhalb jedes Schwarmes von Kontraktionswellen kleinere Untergruppen voneinander abgegrenzt sind und in kurzen Zeitabständen die unter den Elektroden liegenden Muskelquerschnitte passieren. Solche Gruppenbildung innerhalb eines Hauptschwarmes muß darauf beruhen, daß die Innervationssalve nicht mit ganz vollkommener Präzision in allen Muskelfasern gleichzeitig eintrifft, sondern daß die Fasern der Flexoren bündelweise mit kleinen Zeitintervallen ihre Impulse erhalten. Immerhin aber sind die Salven so präzise, daß die Hauptwellen fast überall deutlich erkennbar und sicher zählbar bleiben. Sicher bleibt also, daß überhaupt 50 Innervationssalven pro Sekunde zum Muskel gelangen und daß 50 Schwärme von Kontraktionswellen vom nervösen Äquator bis zum Muskelende ablaufen, nur hat die Präzision der Salve und die Dichte des Zusammenhaltens jedes Muskelwellenschwarmes ihre Grenzen, die indessen so eng gezogen sind, daß durch annähernd phasengleiche Interferenz der Fibrillenströme bei fast jedem Kontraktionswellenschwarm eine Hauptwelle als Resultante zur Ableitung kommt. Die Untergruppen in einem Schwarm nehmen also im allgemeinen nicht so großen Querschnittabstand voneinander ein, daß aufeinanderfolgende Schwärme von Kontraktionswellen ohne Grenze ineinander übergehen. Diese bleiben vielmehr, wie das Bestehenbleiben der elektrischen Hauptwellen beweist, durch Zwischenräume, die merklich frei sind von Kontraktionswellen, während ihres Ablaufens voneinander abgegrenzt.

Bei den Versuchspersonen, deren Stromkurven den 50er Rhythmus nur undeutlich zeigen und bei denen der Eindruck einer unregelmäßigen frequenteren Rhythmik überwiegt, muß man annehmen, daß die Präzision der Innervationssalven mangelhaft ist und daß infolgedessen die aufeinanderfolgenden Schwärme der fibrillären Kontraktionswellen nicht mehr deutlich durch wellenfreie Intervalle voneinander abgegrenzt sind. Dann ist es nicht wie bei den Stromkurven der meisten Versuchspersonen so eklatant demonstrabel, daß der Muskel, und zwar jede Einzelfaser, im 50er Rhythmus tätig ist; der abgeleitete Strom läßt also dann nicht so sichere Schlüsse auf die Rhythmik der Prozesse in der Muskelsubstanz zu. Man muß aber auch in diesen — übrigens seltenen — Fällen annehmen, daß die Innervation jeder Faser und der Ablauf der Kontraktionswellen in jeder Faser im 50er Rhythmus vor sich geht. Das ist in fast jeder Kurve bei genauer Betrachtung doch zu erkennen und wird sicher durch den Vergleich mit solchen Stromkurven, welche den 50er Rhythmus typisch zeigen. Daß der 50er Rhythmus im Ableitungsstromkreis undeutlich sein kann, ist also darauf zurückzuführen, daß die im 50er Rhythmus oszillierenden Aktionsströme der einzelnen Muskelfasern oder Faserbündel mit Phasenunterschieden interferieren und sich zu einer Folge von Stromwellen zusammenfügen, in welcher der originäre 50er Rhythmus durch frequentere, kleinere Wellen, durch ein Interferenzphänomen also, mehr oder weniger ausgelöscht oder undeutlich gemacht wird.

Eine Dissoziation der Salven und als Folgeerscheinung Wellenschwärme im Gesamtmuskel, innerhalb deren eine gewisse Gruppenbildung stattgefunden hat, tritt manchmal ziemlich ausgesprochen bei schwachen Kontraktionen hervor. Es macht sich hier, wie es scheint, ein Tendenz zu alternierendem Arbeiten der einzelnen Faserbündel geltend (Abb. 32). Dies führt indessen in der Regel nicht so weit, daß sich nicht mehr 50 Hauptschwärme von Kontraktionswellen, die über die Gesamtheit der Fibrillen hinlaufen, pro Sekunde ohne Zwang unterscheiden ließen. Es sind in den so aufgenommenen Stromwellenzügen die 50er Hauptwellen meist sicher auszuzählen. Im übrigen wechseln die aufgesetzten Nebenzacken bei den Hauptwellen ganz außerordentlich mannigfaltig von Welle zu Welle, so daß es nicht angängig ist, etwa eine Frequenz für diese Nebenwellen pro Zeiteinheit anzugeben, die auch nur mit annähernder Konstanz gültig wäre.

Ebenso sicher wie die Betrachtung der Amplitüde und der Ablaufform der einzelnen Stromwellen, und wie auch der Vergleich mit den doppelphasischen Wellen, die bei elektrischer Einzelreizung registriert wurden, spricht die Art der O s z i l l a t i o n s r h y t h m i k dafür, daß die Kontraktionswellen aller Fasern gleichzeitig vom nervösen Äquator ausgehen und daß jede Hauptwelle in der registrierten Kurve durch annähernd phasengleiche Interferenz der Fibrillenströme entstanden sein muß. D i e k o n s t a n t e u n d v o n d e r K o n t r a k t i o n s s t ä r k e u n a b h ä n g i g e F r e q u e n z d e r S t r o m s c h w a n k u n g e n k ö n n t e b e i p h a s e n v e r s c h i e d e n e r I n t e r f e r e n z d e r F i b r i l l e n s t r ö m e u n m ö g l i c h a u f r e c h t e r h a l t e n b l e i b e n. Unter solchen Verhältnissen wäre vielmehr eine sehr große und pro Zeiteinheit inkonstante Zahl unregelmäßig verlaufender kleiner Stromschwankungen zu erwarten gewesen. Die Tatsache der konstanten Stromwellenzahl pro Zeiteinheit beweist also wiederum phasengleiche Interferenz der Fibrillenströme und als Folgerung die Annahme, daß geschlossene Schwärme von fibrillären Kontraktionswellen durch den Muskel laufen und daß diese wieder durch salvenmäßige Innervation erzeugt werden.

Auch die Tatsache, daß bei Verkleinerung der Kontaktfläche der ableitenden Elektrode nur die Amplitüde, aber nicht die Zahl der abgeleiteten Stromwellen abnimmt, spricht dafür, daß die Ströme in jeder Fibrille in derselben Frequenz wie im ganzen Muskel sich bilden, und daß sie ohne erhebliche Phasendifferenzen im Ableitungsstrom interferieren, d. h. aber wiederum, daß die

Kontraktionswellen in allen Fibrillen gleichzeitig vom nervösen Äquator abgehen. Ist dies so, so ergibt sich, daß sich alle fibrillären Wellen zu der großen Kontraktionswelle des ganzen Muskels bei der physiologischen Innervierung in ähnlicher Weise zusammenfügen, wie beim elektrischen Reizversuch. Die Pelotonfeuerhypothese der Innervation ist aber damit unvereinbar.

Zusammenfassend kann man also über die Ergebnisse dieser Analyse der Willkürkontraktion der menschlichen Unterarmflexoren folgendes sagen:

1. Die Zahl der Aktionsstromwellen, die bei willkürlichem Tetanus vom Muskel ableitbar sind, ist konstant und beträgt ungefähr 50 pro Sekunde. Die speziellen Verhältnisse der Form, der Größe und des Rhythmus dieser Stromwellen lassen schließen, daß ihre Zahl identisch ist mit der Frequenz der in jeder Muskelfaser ablaufenden Kontraktionswellen.

2. Bei Veränderung der Kraft der Muskelkontraktionen variiert nicht die Frequenz der abgeleiteten Aktionsstromoszillationen, sondern nur die Amplitüde. Das beweist, daß die Zahl der pro Zeiteinheit über die Faser hinlaufenden Kontraktionswellen von dem Grade der Muskelanspannung unabhängig ist.

3. Der Vergleich dieser Aktionsstromwellen mit den doppelphasischen Strömen, die bei elektrischer Nervenreizung mit Einzelschlägen erhalten werden, lehrt, daß jede der im 50er Rhythmus oszillierenden Wellen äquivalent ist einer doppelphasischen Stromwelle. Da nun eine solche einzelne Welle durch eine Salve von Innervationsimpulsen erzeugt wird, so müssen dem 50er Rhythmus bei der Willkürkontraktion 50 Innervationssalven pro Sekunde entsprechen. Der Rhythmus der beim Willkürtetanus über den Muskel hinlaufenden Kontraktionswellen ist also direkt bestimmt durch den Rhythmus der vom Zentralnervensystem zum Muskel gelangenden Impulse. Diese treffen in Form von 50 Salven pro Sekunde im nervösen Äquator des Muskels ein und variieren bei Innervierung verschieden starker Kontraktionen nur ihre Intensität, aber nicht ihre Zahl. Ein Eigenrhythmus der Muskelsubstanz macht sich in diesen Versuchen nicht geltend, der Muskel erweist sich vielmehr als ein Organ, in dem der Rhythmus der Bewegungsvorgänge durch die Art der Innervation direkt bestimmt wird.

4. Die Innervationsimpulse treffen bei der Willkürkontraktion annähernd gleichzeitig, d. h. als Salven bei den Nervenendorganen

aller Muskelfasern ein und die Kontraktionswellen laufen als Schwarm zusammengehalten in der Frequenz der Salven, d. h. 50 pro Sekunde, durch den Muskel hin. Die Präzision der Salven ist nicht so vollkommen, wie bei elektrischer Reizung des motorischen Nerven, sondern es macht sich eine gewisse, wenn auch geringe, Dissoziation bemerkbar. Infolgedessen sind die Kontraktionswellenschwärme nicht so dicht zusammengehalten wie bei elektrischer Reizung, sondern sie sind in Untergruppen aufgelockert. Dies geht aber nicht so weit, daß nicht aufeinanderfolgende Kontraktionswellenschwärme durch Pausen voneinander abgegrenzt wären. In den registrierten Aktionsstromkurven kommen diese Verhältnisse dadurch zur Geltung, daß zwar ein Rhythmus von 50 Hauptwellen pro Sekunde regelmäßig ausgezählt werden kann, daß aber vielen dieser Hauptwellen kleinere Zacken superponiert sind, die nach Größe, Zahl und Lage auf jeder Hauptwelle außerordentlich mannigfaltig variieren können.

3. Fortsetzung der theoretischen Analyse.

Beziehungen zwischen Rhythmus und Fortpflanzungsgeschwindigkeit der Kontraktionswellen bei der Willkürkontraktion.

Es wurde gezeigt, daß die Fortpflanzungsgeschwindigkeit der Kontraktionswelle im Muskel von der Intensität des Kontraktionsvorganges unabhängig ist; denn wenn man doppelphasische Stromwellen durch Reizung des Nervus medianus oder ulnaris mit Einzelschlägen erzeugt, so findet man, daß die Wellenlängen und die Gipfelabstände constant bleiben, auch wenn die Stärke des Reizes und abhängig davon die Größe der Zuckung und die Amplitüde der abgeleiteten doppelphasischen Wellen in großem Umfange variiert wird. Dies Ergebnis hat gewisse Beziehungen zu der Tatsache, daß beim willkürlichen Tetanus die Zahl der pro Zeiteinheit über den Muskel hinlaufenden Kontraktionswellen bei schwach und stark innervierten Kontraktionen gleich ist. Jede der dabei abgeleiteten Aktionsstromwellen hat, gleichgültig, ob stark oder schwach kontrahiert wurde, eine mittlere Dauer von $^1/_{50}$ Sekunde, hat also dieselbe zeitliche Ausdehnung, wie der doppelphasische Strom, den man bei Erzeugung einer Zuckung durch elektrische Einzelreizung des

Nerven erhält. Daraus ist im einen wie im anderen Falle zu schließen, daß die Kontraktionswelle unter beiderlei Bedingungen die gleiche und von der Reizstärke unabhängige Ablaufdauer hat, und daß jede der beim Willkürtetanus ablaufenden Kontraktionswellen einer Zuckungswelle äquivalent ist. Die Fortpflanzungsgeschwindigkeit der Kontraktionswellen ist also auch bei der Willkürkontraktion von der Intensität des Kontraktionsprozesses unabhängig und konstant und hat denselben Wert, der aus der doppelphasischen Welle bei Einzelzuckung abgeleitet werden konnte, nämlich etwa 12—15 m pro Sekunde.

Das Wesentliche bei tetanischen Willkürkontraktionen ist sehr wahrscheinlich darin zu sehen, daß in jeder einzelnen Muskelfaser nach Ablauf einer Kontraktionswelle alsbald am oberen Ende eine neue abgeht und daß so Welle auf Welle über die Faser hinläuft. Die Analyse der registrierten Stromwelle läßt erkennen, daß nicht nur auf dem ganzen Muskel, sondern auch auf jeder am Tetanus beteiligten Faser an irgendeiner Stelle *ihrer ganzen Länge in einem gegebenen Zeitteilchen eine Welle im Ablauf begriffen sein kann, daß aber im Bereich einer Faser niemals zwei oder mehr hintereinander folgende Wellen gleichzeitig hinlaufen.* Jede neue Welle beginnt also am oberen Faserende erst dann, wenn die vorhergehende am unteren Ende angekommen und erloschen ist; dann aber setzt auch der Ablauf der neuen Welle normalerweise ohne erheblichen Zeitverlust ein. Es kommen zwar Pausen zwischen dem Erlöschen einer und dem Abgang der folgenden Kontraktionswelle vor; wären diese aber von beträchtlicher Größe, so müßten sich zwischen je zwei Hauptwellen des abgeleiteten Stromwellenzuges besonders zwischen solchen Hauptwellen, die ohne aufgesetzte Nebenzacken ablaufen, geradlinige der Abszissenachse parallele Kurvenstrecken einschalten, die einer Einstellung der Galvanometersaite in die Ruhelage entsprächen. Das ist nicht der Fall, vielmehr geht das Wellental einer doppelphasischen Hauptwelle stets ohne Unterbrechung in den Wellenberg der folgenden über. Das beweist aber, daß die neue Welle sehr bald nach Ablauf der alten einsetzt. Sie kann aber auch nicht vor Beendigung des Ablaufs der vorhergehenden Welle beginnen, etwa derart, daß zwei oder mehr Kontraktionswellen gleichzeitig die eine hinter der anderen in einer Faser im Ablauf begriffen wären, denn unter solchen Verhältnissen müßten die zugehörigen Aktionsstromwellen im abgeleiteten Strom mit Phasendifferenzen interferieren, und dies müßte sich durch Störungen des Rhythmus, in Beeinträchtigung der Wellenamplitüde und in erheblicher Variabilität der Wellenlänge geltend machen. Namentlich aber könnte unmöglich eine Konstanz der Wellenzahl pro Sekunde im Ableitungsstrom zustande kommen. Solche Interferenzerscheinungen finden sich an den Stromwellenkurven nicht.

Beim Willkürtetanus ist einerseits die Zahl der über den Muskel laufenden Kontraktionswellen pro Zeiteinheit konstant, andererseits folgt aber aller Wahrscheinlichkeit nach Wellenablauf auf Wellenablauf ohne erhebliche Pausen. Auch die Wellenlänge der abgeleiteten Stromoszillationen liegt um einen konstanten Mittelwert, nämlich um $^1/_{50}$ Sekunde herum. Dies läßt erkennen, daß eine normale Fortpflanzungsgeschwindigkeit der Muskelwellen pro Sekunde innegehalten wird. Es kommen nun gewisse Abweichungen der Wellenlänge von diesem Mittelwert vor, und es liegt nahe, daraus doch auf eine Variabilität der Fortpflanzungsgeschwindigkeit zu schließen. Bei näherer Betrachtung der Stromwellenkurven ergibt sich aber dieser Schluß weder als der einzig mögliche, noch als der wahrscheinlich richtige. Auch in diesem Falle dürfte es sich vielmehr um eine Erscheinung handeln, die dadurch zustande kommt, daß die Aktionsströme der einzelnen Fasern und Faserbündel im abgeleiteten Strome zwar annähernd, aber nicht vollkommen gleichphasisch interferieren. Denkt man sich nämlich, daß am oberen Muskelende in einigen Fasern bereits neue Kontraktionswellen einem neuen Schwarm vorauslaufend ihren Ablauf beginnen, bevor die letzten Nachläufer des vorhergehenden Schwarmes am unteren Ende ganz angekommen und erloschen sind, so müssen die Aktionsströme der oben und unten gerade befindlichen Kontraktionswellen im abgeleiteten Strom mit entgegengesetzten Phasen interferieren, so daß er seinem Nullwert zugeführt wird. In diesem Falle würden also die Interferenzen das Ende der einen und den Anfang der neuen Hauptwelle des abgeleiteten Stromes bestimmen. Nun wechselt allem Anschein nach die Anordnung der Kontraktionswellen innerhalb der einzelnen Schwärme nicht unerheblich. Einige sind lang ausgezogen und haben viele Vorläufer und Nachzügler, andere durchlaufen dichtgedrängt zusammengehalten den Muskel; je nachdem nun, wie diese verschiedenartig angeordneten Schwärme aufeinander folgen, werden sich die angegebenen Interferenzen im abgeleiteten Strom verschieden gestalten und die Wellenlängen der registrierten Stromoszillationen müssen in demselben Maße variieren, wie die Ausdehnung des Gesamtschwarmes der Kontraktionswellen und wie die Anordnung der Faserwellen innerhalb desselben. Tatsächlich beobachtet man denn auch Abweichungen im einen oder anderen Sinn von dem Mittelwert ($^1/_{50}$ Sekunde) gerade bei solchen aufeinanderfolgenden Wellen, die auch durch superponierte kleine Zacken eine unregelmäßige und von Welle zu Welle wechselnde Anordnung der Kontraktionswellen im Schwarm erkennen lassen. Dagegen liegt die Wellenlänge der Stromwellen von einfacher Ablaufform, namentlich wenn auch die vorhergehenden und folgenden Wellen einfach und ohne aufgesetzte Zacken verlaufen, stets sehr nahe dem Mittelwert von $^1/_{50}$ Sekunde. Daß die Variabilität der Wellenlänge des abgeleiteten Stromwellenzuges durch das hier angewendete Interferenzprinzip und nicht durch die Annahme einer wechselnden Fortpflanzungsgeschwindigkeit der Kontraktionswellen zu erklären ist, wird endlich durch die Tatsache wahrscheinlich, daß jedes Überschreiten des Mittelwertes der Länge einer Aktionsstromwelle dadurch kompensiert wird, daß in der Regel schon die folgende Welle unter dem Mittelwert bleibt. Auf diese Weise kommt die Konstanz der Stromwellenzahl zustande, die wohl bei Variabilität der Fortpflanzungsgeschwindigkeit kaum aufrecht erhalten werden könnte, man müßte denn annehmen, daß auch diese um einen Mittelwert oszilliert und eine Überschreitung beim Ablauf einer Welle sofort durch Unterschreitung bei der folgenden ausgleicht. Dies aber scheint mir eine gekünstelte und unwahrscheinliche Konstruktion zu sein.

Wenn die zur tetanischen Verkürzung führenden Vorgänge im Muskel tatsächlich so verlaufen, daß der Ablauf einer Kontraktionswelle nach dem vorhergehenden Wellenablauf ohne erhebliche Pause folgt, so ergibt sich die Frage, wie sich die Frequenz der Wellen pro Zeiteinheit und ihre Fortpflanzungsgeschwindigkeit bei Muskeln verschiedener Länge vergleichsweise stellt. Es liegen hier theoretisch betrachtet zwei Möglichkeiten vor. Entweder die Fortpflanzungsgeschwindigkeit der Kontraktionswelle in allen Muskeln ist gleich; wenn das der Fall ist, so muß ihr Ablauf in einem kurzen Muskel erheblich kürzer dauern als in einem langen. Soll hier Wellenablauf auf Wellenablauf ohne Pause folgen, so müssen über eine kurze Faser pro Zeiteinheit erheblich mehr Kontraktionswellen hinlaufen als über eine lange Faser, d. h. umgekehrt proportional mit der Faserlänge müßte die Wellenzahl bei verschieden langen Muskeln variieren, und das Produkt aus Wellenzahl und Muskellänge ergäbe sich dann für alle Muskeln als gleich und konstant.

Die andere Möglichkeit wäre folgende: Die Zahl der Wellen pro Zeiteinheit könnte für alle Muskeln gleich sein, unter dieser Bedingung kann ein Wellenablauf dem anderen nur dann ohne größere Pause folgen, wenn die Fortpflanzungsgeschwindigkeit der Erregungswellen in kurzen Muskeln einen erheblich kleineren Wert hat als in langen, d. h. wenn die Fortpflanzungsgeschwindigkeit direkt proportional der Faserlänge von Muskel zu Muskel variiert.

Wenn man zwischen diesen beiden Möglichkeiten die Entscheidung finden will, so muß zunächst die Oszillationsfrequenz bei kurzen und langen Muskeln festgestellt werden. Als kurze Muskeln können hierbei die Daumenmuskeln, Flexor und Opponens pollicis brevis, dienen, die nur etwa $^1/_3$ der Länge der Unterarmflexoren haben. Hat hier die Fortpflanzungsgeschwindigkeit der Kontraktionswellen denselben Wert wie bei den Flexoren und folgt auch hier ohne Zeitintervall Wellenablauf auf Wellenablauf, so müssen dreimal soviel Wellen in der Zeiteinheit über den Muskel laufen als bei den Flexoren. Liegt aber die Zahl der Wellen den für die Flexoren gefundenen Werten nahe, so müssen die Wellen mit etwa $^1/_3$ der Fortpflanzungsgeschwindigkeit der Flexorenwellen über die Daumenmuskeln hinlaufen.

Die experimentelle Untersuchung ergibt, daß die Zahl der in der Zeiteinheit ablaufenden Kontraktionswellen für Unterarmflexoren und Daumenmuskeln von nahezu gleicher Größenordnung ist. Man findet sie bei etwa 50 pro Sekunde liegend. Ferner geht bei den Daumenmuskeln, ebenso wie bei den Flexoren jede Welle in die folgende ohne Grenze kontinuierlich über. Daraus wird man entnehmen, daß im Muskel stets der Ablauf einer

Kontraktionswelle der vorhergehenden ohne erhebliche Pause folgt. Daraus ergibt sich aber weiter, daß die Zeit, welche die Kontraktionswelle zum Ablauf über die etwa 5 cm langen Daumenmuskeln benötigt, nicht erheblich kleiner ist als die Ablaufzeit der Welle über die viel längeren Unterarmflexoren. Dann muß aber die Fortpflanzungsgeschwindigkeit der Kontraktionswelle in den Daumenmuskeln etwa $^1/_3$ von dem Wert haben, der für die Flexoren gilt. Darf man dies Ergebnis verallgemeinern, so ergibt sich als Regel, daß die Fortpflanzungsgeschwindigkeit in jedem Muskel in einem bestimmten Verhältnis zu seiner Länge steht, derart, daß in kurzen Muskeln ihr Wert gering, in langen aber groß ist. Für einen gegebenen Muskel aber würde sie einigermaßen konstant sein, wie namentlich daraus zu entnehmen ist, daß die gleichen Werte für die Unterarmflexoren beim elektrischen Reizversuch und bei der Willkürkontraktion mit größter Wahrscheinlichkeit zu finden waren. Wenn die Dinge so liegen, so wäre klar, daß der Rhythmus von 50 Impulsen dem Zentralnervensystem eigen sein muß und festgehalten wird, gleichgültig um welche Muskelinnervation es sich handelt. Der Muskel richtet sich je nach seiner Länge durch Abstimmung der Fortpflanzungsgeschwindigkeit seiner Kontraktionswelle so ein, daß beim Tetanus Wellenablauf auf Wellenablauf ohne zwischengeschaltete größere Pausen folgt. Die Fortpflanzungsgeschwindigkeit wäre demnach in jedem Muskel eine andere und durch die Länge der Fasern und die Innervationsfrequenz bestimmt.

Diese Schlüsse haben, wie schon betont wurde, die Annahme zur Voraussetzung, daß nach Erlöschen einer Kontraktionswelle am einen Ende alsbald eine neue am anderen Ende einer jeden am Tetanus beteiligten Muskelfaser beginnt. Man muß aber im Auge behalten, daß diese Deutung nicht die allein mögliche ist. Anders würden z. B. die Verhältnisse liegen, wenn man annimmt, daß jeder Schwarm von Kontraktionswellen, der über den Muskel hinläuft, in der Mitte die dichteste Anhäufung von Wellen hat, daß aber diesem Zentrum des Schwarmes Wellen vorauf- und nachlaufen, deren Dichte mit dem Abstand vom Zentrum abnimmt; dann sind die vorauslaufenden Wellen bereits am unteren Muskelende angekommen und erloschen, wenn die hinteren noch im Ablaufen begriffen sind. Würden nun erst, wenn diese letzteren ihren Ablauf beendigt haben, am oberen Muskelende neue Wellen ihren Ablauf beginnen, so wäre es möglich, daß durch solche Verhältnisse der Verteilung der Wellen im ganzen Schwarm und durch solche Art der Aufeinanderfolge der Schwärme Stromwellen zur Ableitung kommen, die ohne Grenze ineinander übergehen, während doch zwischen dem Abläufen zweier Fibrillenwellen Pausen eingeschaltet liegen könnten. Die Stetigkeit des Tetanus könnte dann dadurch garantiert sein, daß die Pausen zwischen den Wellenabläufen einer Einzelfaser durch die inzwischen im Gange befindlichen Wellenabläufe auf anderen Fasern im Effekt ausgeglichen werden.

Mit Hilfe solcher Vorstellungen könnte man wohl die Annahme vermeiden, daß die Fortpflanzungsgeschwindigkeit der Kontraktionswellen von Muskel zu Muskel je nach seiner Länge verschieden ist. Dann müßte aber die Pause zwischen je zwei Wellenabläufen in kurzen Fasern erheblich größer sein als bei langen, weil eben ein Wellenablauf in der kurzen Faser viel geringere Zeit beansprucht, in beiden Fällen aber etwa 50 Wellen in der Sekunde ablaufen. Im Wellenzuge des abgeleiteten Stromes finden sich entsprechende Pausen im einen Falle so wenig wie im andern. Will man diese Tatsache ohne die Annahme einer verringerten Fortpflanzungsgeschwindigkeit im kurzen Muskel und ausschließlich durch die Hypothese einer eigenartigen Anordnung der fibrillären Kontraktionswellen im Schwarm erklären, so ist dies durch die Vorstellung möglich, daß jeder Wellenschwarm um so länger ausgezogen ist, je kürzer der Muskel ist. Man müßte z. B. annehmen, daß über die kurzen Daumenmuskeln erheblich länger ausgezogene Schwärme hinlaufen als über die Flexoren.

Im ganzen scheint sich mir aus dieser Diskussion aller Möglichkeiten die folgende Vorstellung als die richtigste zu ergeben: Das Zentralnervensystem schickt 50 Impulse pro Sekunde zu jeder Muskelfaser; während der Pause zwischen je zwei aufeinanderfolgenden Impulsen läuft die Kontraktionswelle bis zum Muskelende ab. Die Ablaufdauer würde, wenn die Fortpflanzungsgeschwindigkeit gleich wäre, in kurzen Muskeln kleiner sein als in langen, weil ein kürzerer Weg zurückzulegen ist. Es würde also, wenn die Kontraktionswelle am Muskelende erloschen ist, eine Pause verstreichen, ehe ein neuer Impuls in der Nervenendplatte eintrifft und eine neue Kontraktionswelle von hier ihren Ablauf beginnt. Die Pausen würden um so größer sein, je kürzer der Muskel ist, und während ihrer Dauer würde an keiner Stelle der Muskelfaser eine Kontraktionswelle im Ablauf begriffen sein, sie würde im Ruhezustand sich befinden. Daß aber diese Pausen nicht zu erheblich werden und die Stetigkeit der Kontraktion gefährden, dafür wird dadurch gesorgt, daß die Fortpflanzungsgeschwindigkeit der Kontraktionswelle in kurzen Muskeln kleiner ist, als in langen. Doch trifft dies nicht in dem Maße zu, daß die Pausen vollständig verschwinden, es ist vielmehr anzunehmen, daß sie mit einer, wenn auch nicht erheblichen und von Muskel zu Muskel wechselnden Dauer bestehen bleiben. Sie sind größer in kurzen Muskeln als in langen, und ebenfalls größer in weißen Muskeln als in roten. Wären die Pausen zwischen zwei Wellenabläufen in allen Muskeln durch eine der Muskellänge angepaßte Fortpflanzungsgeschwindigkeit ganz ausgeglichen, so müßte ja der doppelphasische Strom, den man bei Einzelzuckung ableitet, für alle Muskeln eine Dauer von $^1/_{50}$ Sekunde haben. Das ist aber nicht der Fall, sondern man findet bei kurzen und bei weißen Muskeln kleinere Zeitwerte. Bei einer Innervation dieser Muskeln im 50er Rhythmus müssen also auch größere Pausen zwischen zwei Wellenabläufen eingeschaltet sein, als bei langen oder roten Muskeln.

Für welche Ansicht man sich nun auch in der Frage nach den Pausen zwischen zwei Wellenabläufen und nach der Abstimmung ihrer Fortpflanzungsgeschwindigkeit entscheiden mag, so viel scheint mir sicher zu sein, daß *in jeder Faser in jedem gegebenen Zeitteilchen nie mehr als eine Kontraktionswelle bei der Willkürkontraktion im Ablauf begriffen ist.* Dies ergibt sich mit Sicherheit aus der Tatsache, daß die Zahl der Stromwellen pro Zeiteinheit konstant ist, und daraus, daß jede dieser Stromwellen äquivalent ist einer solchen, die bei Ablauf einer einzigen Kontraktionswelle registriert wird. Gegenüber diesen Tatsachen erscheinen mir die von Dittler[1]) erhobenen Einwände nicht haltbar. Er betont, daß bei Ableitung der Aktionsströme vom Zwerchfell auch dann die Stromwellen ohne zwischengeschaltete Pausen ineinander übergehen, wenn

---

[1]) Dittler, Pflügers Archiv Bd. 130.

das zwischen den Elektroden liegende Muskelstück sehr kurz ist. Es ist aber zu bedenken, daß auch in diesem Falle eine langausgezogene Konfiguration der Kontraktionswellenschwärme einen kontinuierlichen Übergang von Welle zu Welle im Ableitungsstrom bewirken muß. Wenn tatsächlich mehrere Kontraktionswellen bei der Willkürkontraktion auf eine und derselben Muskelfaser in jedem gegebenen Zeitteilchen im Ablauf begriffen wären, so müßten sich Interferenzen der zugeordneten doppelphasischen Ströme im Ableitungsstrom geltend machen und das müßte in einer Inkonstanz der Wellenzahl pro Zeiteinheit zum Ausdruck kommen oder sogar so, daß gar kein Ableitungsstrom erscheint. Es scheint mir mathematisch unmöglich, die Konstanz der Stromwellenzahl pro Zeiteinheit in Einklang zu bringen mit der Vorstellung, daß mehrere Kontraktionswellen auf einer Faser gleichzeitig im Ablauf begriffen sind. Daß dies bei der Willkürkontraktion nicht vorkommt, dürfte die allgemeine Regel sein, die ohne nennenswerte oder merkliche Ausnahmen gültig ist und die für ein typisches Merkmal der abgeleiteten Stromkurve bestimmend ist, nämlich für die Konstanz der Stromwellenzahl pro Zeiteinheit.

VIII. Andere Muskeln.

Nachdem die Grundlagen für die Analyse der Willkürkontraktion an dem für die Untersuchung günstigsten Objekt, den Unterarmflexoren, mit Hilfe der Aktionsstromregistrierung gewonnen worden sind, ergibt sich die Aufgabe bei einer möglichst vollständigen Anzahl von anderen Muskeln dieselbe Untersuchung durchzuführen. In vielen Fällen wird es hier nicht möglich sein, mit derselben Sicherheit die Innervationsverhältnisse und den Ablauf der Kontraktionswelle so klarzustellen, wie es bei den Unterarmflexoren durch den Versuch der elektrischen Einzelreizung geschehen konnte. Wenn es aber gelingt, auch hier eine Konstanz der Stromwellenfrequenz pro Zeiteinheit festzustellen, so liegt es nach den Untersuchungen an den Unterarmflexoren nahe, zu schließen, daß auch bei den anderen Muskeln die Stromwellenfrequenz die Zahl der über jede Faser ablaufenden Kontraktionswellen erkennen läßt. Daß dies im allgemeinen zutrifft, soll nunmehr gezeigt werden[1]).

1. Untersuchung verschiedener menschlicher Muskeln.

a) Die Extensoren des Unterarms. Eine Trichterelektrode wurde an der radialen Seite des Unterarms etwa drei Finger breit unterhalb der Ellenbeuge, die andere handbreit oberhalb des Handgelenks auf der radialen Unterarmfläche angesetzt. Die Extensoren wurden kontrahiert, so daß die Finger gestreckt und die Hand dorsal flektiert stand. Gegen diese Handhaltung wurde die Zugkraft von 5 kg Gewicht, die an den Fingern ihren Angriffspunkt hatten, zur Wirkung gebracht. Die abgeleiteten

---

[1]) Piper, Weitere Beiträge zur Kenntnis der willkürlichen Muskelkontraktion. Zeitschr. f. Biologie Bd. 50, S. 504.

Aktionsstromwellen wurden in konstanter und gleicher Frequenz wie bei den Unterarmflexoren registriert, nämlich etwa 50 pro Sekunde. Es ist also anzunehmen, daß auch hier 50 Kontraktionswellen pro Sekunde über jede am Tetanus beteiligte Muskelfaser hinlaufen.

b) **Bizeps.** Die Elektroden wurden unmittelbar oberhalb der Ellenbeuge und an der unteren Insertionsstelle des Musculus deltoideus angesetzt. Der Bizeps wurde in kräftigen Tetanus gebracht, indem bei rechtwinklig gebeugtem Ellenbogengelenk in der supinierten Hand ein Gewicht von 15 kg gehalten wurde. Die Zahl der abgeleiteten Aktionsstromwellen betrug konstant 45—48 pro Sekunde und dürfte wiederum identisch sein mit der Zahl der über den tetanisch kontrahierten Muskel hinlaufenden Kontraktionswellen.

c) **Abductor und opponens pollicis brevis.** Eine Elektrode wurde am Karpometakarpalgelenk, die andere am Metakarpophalangealgelenk des Daumens angesetzt, die Muskeln wurden kräftig innerviert dadurch, daß dem Bestreben, den Daumen zu abduzieren und ulnarwärts herumzuführen und so den anderen Fingern gegenüberzustellen, durch Gegendruck entgegengearbeitet wurde. Die Zahl der Aktionsstromwellen war 47—50 pro Sekunde, also ebenso groß, wie bei den Flexoren und Extensoren.

d) **Musculus deltoideus.** Die Elektroden wurden über dem Akromion des Schulterblattes und über der Insertionsstelle des Muskels am Humerus angesetzt; eine kräftige Kontraktion wurde bewirkt, indem ein Gewicht von 10 kg in der Hand durch Abduktion des Armes bis zur Horizontale gehoben wurde. Die Auszählung der registrierten Stromkurven ergibt eine Wellenzahl von annähernd 60 pro Sekunde.

e) **Gastroknemius.** Bei der Untersuchung dieses Muskels wurde eine Elektrode handbreit unterhalb der Kniekehle, die zweite auf der Haut über dem Übergang des Muskels in die Achillessehne angesetzt. Der Muskel wurde dadurch in kräftige Kontraktion gebracht, daß auf dem einen Fuß stehend Zehenstellung angenommen wurde, so daß der Gastroknemius des belasteten Fußes das ganze Körpergewicht zu heben und zu tragen hatte. Die Frequenz der abgeleiteten Aktionsstromwellen stellt sich auf 42—44 pro Sekunde.

f) Tibialis anticus. Die Elektroden wurden unterhalb der Patella und handbreit oberhalb der Fußbeuge am Außenrande der Tibia angesetzt. Der Tibialis anticus wurde durch kräftige Dorsalflexion des Fußes in tetanische Kontraktion gebracht, während der Fuß mit einem nahe den Zehen angreifenden Gewicht belastet war. Die Zahl der abgeleiteten Stromwellen betrug 42—44 pro Sekunde.

g) Quadriceps femoris. Eine Elektrode wurde unmittelbar oberhalb der Patella, die andere etwa handbreit unterhalb der Spina anterior inferior auf der Haut über dem Quadrizeps angesetzt. Der Muskel wurde in tetanische Kontraktion versetzt, indem das Bein bei gestrecktem Knie ein am Fuß befestigtes Gewicht von 10 kg hob. Die Frequenz der registrierten Aktionsstromwellen und somit wahrscheinlich auch der Kontraktions wellen betrug etwa 40 pro Sekunde.

h) Sterno-cleido-mastoideus. Zur Untersuchung der Ströme dieses langen, parallel faserigen Muskels wurde eine Elektrode etwas unterhalb des Processus mastoideus, die andere wenig oberhalb der sternalen und klavikularen Insertionsstelle angesetzt. Der Muskel wurde zur Kontraktion gebracht, indem der Kopf nach vorn und unten bewegt wurde. Gegen die Stirn wurde ein kräftiger Druck ausgeübt, durch den der Wirkung des Muskels entgegengearbeitet wurde, so daß der Muskel zur Beibehaltung der Kopfstellung zu intensiver tetanischer Kontraktion innerviert werden mußte. Auch hier erhält man eine konstante Stromwellenzahl, nämlich etwa 40—43 pro Sekunde.

i) Masseter. Besondere Schwierigkeiten bot der Musculus masseter. Man findet hier sehr schwankende Stromwellenfrequenzen pro Zeiteinheit. Ich glaube[1]), daß die Ursache für dieses Verhalten in der Annahme zu suchen ist, daß die Nervenendstellen über die ganze Länge dieses sehr kurzen Muskels hin verteilt liegen, so daß die Kontraktionswellen der einzelnen Fasern von sehr verschiedenen Querschnitten ausgehen. Dann müssen die abgeleiteten Aktionsströme aller Einzelfasern mit unregelmäßigen Phasendifferenzen interferieren. Immerhin findet man dann und wann Kurvenstellen, an denen eine regelmäßigere Rhythmik zu

[1]) H. Piper, Über den willkürlichen Muskeltetanus. Pflügers Archiv Bd. 119, S. 332, Anmerkung.

beobachten ist, und gerade hier zeigt sich in der Regel eine Oszillationsfrequenz von 60[1]) oder etwas mehr Schwingungen pro Sekunde. Ich möchte namentlich auch nach den letzten Untersuchungen über diesen Muskel von Hoffmann[2]) diese Zahl für diejenige halten, die mit größter Wahrscheinlichkeit die Frequenz der Innervationsimpulse und der über jede Faser ablaufenden Kontraktionswellen angibt. Bei diesen Versuchen wie auch bei meinen früheren wurde die eine Elektrode am unteren Unterkieferrand unmittelbar vor dem Angulus mandibulae, die andere auf der Haut über der Jochbeininsertion des Masseter angesetzt. Durch kräftiges Zusammenbeißen der Kiefer kamen die Muskeln in intensive tetanische Kontraktion. In einer früheren Untersuchung habe ich gleichfalls etwa 64, in einer anderen[3]) aber eine nahe um 100 liegende Schwingungszahl pro Sekunde gefunden. Ich habe es aber als möglich bezeichnet, daß in diesem Falle die Stromwellenzahl nicht direkt der Zahl der über den Muskel laufenden Kontraktionswellen entspricht. Es sind Interferenzen der den einzelnen Muskelbündeln zugehörigen Aktionsströme im Ableitungsstromkreis denkbar, bei denen jeder einer Einzelzuckung äquivalente Aktionsstrom eine komplizierte, aber annähernd sich immer wiederholende Ablaufform annimmt. Dann könnte eine konstante Stromwellenzahl pro Sekunde auszuzählen sein, die ein Vielfaches, etwa das Doppelte der Zahl wäre, welche die über jede Faser ablaufenden Kontraktionswellen angibt. Ich hatte dabei die Möglichkeit im Auge, es könnten Verhältnisse vorliegen, wie man sie etwa vor sich hat, wenn man nur den mittleren Teil der Unterarmflexoren ableitet und dabei schon bei Einzelzuckung eine Aktionsstromperiode von komplizierter mehrphasischer Ablaufform erhält. Nimmt man für den Masseter also z. B. an, daß die Nervenendorgane der verschiedenen Fasergruppen oder der beiden auch anatomisch getrennten Portionen des Muskels in zwei verschiedenen Querschnitten verdichtet beisammen liegen, die einen oben und die andern unten, so müssen bei salvenmäßiger Innervation die Kontraktionswellen in entgegengesetzter Richtung von diesen beiden Stellen aus ablaufen und

---

[1]) Piper, Neue Versuche usw. Zeitschr. f. Biologie Bd. 50, S. 412.

[2]) Hoffmann, Über die Aktionsströme des Musc. masseter. Archiv f. Physiologie 1909.

[3]) Piper, Weitere Beiträge usw. Zeitschr. f. Biologie Bd. 50, S. 509.

aneinander vorüberlaufen. Dabei könnte auch bei Willkürkontraktion eine konstante Stromwellenzahl pro Sekunde gefunden werden, deren Zustandekommen aber nicht auf dieselbe Zahl von Kontraktionswellen in jeder Faser begründet wäre, sondern auf die Hälfte zurückzuführen wäre. Ob dies tatsächlich der Fall ist, kann wohl nur durch Reizversuche an den Kiefermuskeln in ähnlicher Weise wie bei den Unterarmflexoren bewiesen werden; da diese nicht ohne weiteres ausführbar sind, so möchte ich vorläufig die Schwingungszahl des Masseter auf ungefähr 60 ansetzen. Denn wenn eine Anzahl einfacher Wellen miteinander interferieren, so können zwar leicht höhere Schwingungszahlen zustande kommen, als die der einfachen Komponenten; es ist aber nicht möglich, daß aus höher frequenten Komponenten durch Interferenz Stromwellenoszillationen niedrigerer Frequenz sich bilden (abgesehen von Schwebungen). Aus diesem Grunde ist die niedrigste überhaupt gefundene Oszillationszahl beim Masseter am wahrscheinlichsten die, welche die Schwingungsfrequenz in jeder einzelnen Muskelfaser angibt.

Beim Musculus temporalis liegen die Verhältnisse ebenso.

2. Verschiedene Versuchspersonen.

Kehren wir zur Besprechung der Willkürkontraktionen der Unterarmflexoren zurück, so ist es von Interesse, zu wissen, wie groß die Variationsbreite der Schwingungszahl sich bei Untersuchung verschiedener Versuchspersonen stellt. Ich habe nach gleicher Methodik jetzt mehr als 30 männliche Versuchspersonen im Alter zwischen 25 bis 40 Jahren untersucht. Bei fast allen fand sich eine Schwingungsfrequenz des Aktionsstromes, die sehr annähernd mit der für meine eigenen Flexoren gefundenen Zahl übereinstimmt, aso ungefähr 50 pro Sekunde beträgt. Unter 47 blieben die Zahlen bei keiner Versuchsperson, bei einigen wurde aber eine höhere Stromwellenzahl gefunden, bei einer 54—56, bei einer anderen 55—58 pro Sekunde. Vielleicht werden die so gefundenen Grenzen der Variationsbreite bei Untersuchung einer großen Zahl von Individuen sich nach oben und unten noch etwas weiter ausdehnen.

3. Tierversuche.

Anschließend an meine ersten Versuche an den Unterarmflexoren habe ich[1]) versucht, die Aktionsströme bei natürlicher Innervierung vom Gastroknemius des Kaninchens abzuleiten. Der Muskel wurde freigelegt und eine Elektrode nahe der Achillessehne, die andere nahe der Kniekehle angesetzt. Versuchte man das Bein zu beugen, so machte das Tier stemmende Abwehrbewegungen. Dabei wurden die Aktionsströme des kontrahierten Muskels registriert und es fand sich eine Frequenz von etwa 50 pro Sekunde.

Später hat Dittler[2]) ähnliche Versuche am Zwerchfell des Kaninchens und der Katze gemacht. Das Zwerchfell wurde freigelegt und die Elektroden wurden am vorderen Schenkel dieses Muskels angesetzt, während bei natürlich innervierter Atmung rhythmische Kontraktionen im Muskel abliefen. Es fand sich eine Oszillationsfrequenz von sehr annähernd derselben oder etwas höherer Größenordnung, die ich bei den menschlichen Muskeln und am Gastroknemius des Kaninchens festgestellt hatte. In den Versuchen an den menschlichen Muskeln ist die Oszillationsrhythmik des Muskels direkt beobachtet. Die Rhythmik der Innervationsimpulse ist aber als gleich nicht direkt beobachtet, sondern erschlossen. Dittler[3]) ist es gelungen, den auf diesem Wege von mir erwiesenen 50er Rhythmus der Innervation durch direkte Beobachtungen über die Innervationsimpulse zu bestätigen Er registrierte, wie beschrieben, einmal die Oszillationen der Muskelströme am Zwerchfell bei natürlicher Innervierung der Atmungskontraktionen. Dann aber leitete er vom durchschnittenen Nervus phrenicus unter Anlegung der einen Elektrode am Querschnitt, der andern an der Oberfläche die Nervenströme ab. Es zeigte sich, daß das Zentralnervensystem durch den Phrenikus, auch wenn er von seinem Erfolgsorgane, dem Zwerchfell abgetrennt ist, dauernd weiter Innervationsimpulse hindurchsendet. Es handelt sich also um eine intendierte Innervation ohne Erfolgsorgan. Die vom Phrenikus abgeleiteten Nervenströme waren oszillatorisch und hatten eine Schwingungsfrequenz von gleicher Zahl wie

---

[1]) Piper, Pflügers Archiv Bd. 119, S. 332, Anmerkung.

[2]) Dittler, Pflügers Archiv Bd. 136.

[3]) Ebenda Bd. 139.

der Muskelrhythmus im Zwerchfell. Dies bestätigt vollkommen die von mir aus den reinen Muskelversuchen abgeleitete Theorie, daß die Muskelrhythmik durch eine gleich frequente Rhythmik der Innervationsimpulse direkt bestimmt ist.

In neuester Zeit hat Hoffmann[1]) im Berliner physiologischen Institut oszillatorische Aktionsströme auch an den Augenmuskeln beobachtet. Bei Kaninchen wurde ein Auge enukleiert, nachdem zuvor der Musc. rectus internus und externus freigelegt und das vordere Sehnenende angeschlungen war. Wurde der Muskel an der Schlinge vorgezogen, so konnten Wollfadenelektroden daran angesetzt werden und es zeigt sich zunächst die bemerkenswerte Tatsache, daß bei manchen Versuchstieren fortwährend, auch bei stundenlanger Dauer des Versuches frequente, Stromoszillationen sehr kleiner Amplitüde abgeleitet wurden. Es ist nicht unwahrscheinlich, daß es sich um eine schwache tonische Erregung der Muskeln handelt, die eine Besonderheit der Augenmuskeln sein würde und die bisher in dieser Art bei anderen quergestreiften Muskeln nicht beobachtet ist. Es scheint nicht, daß

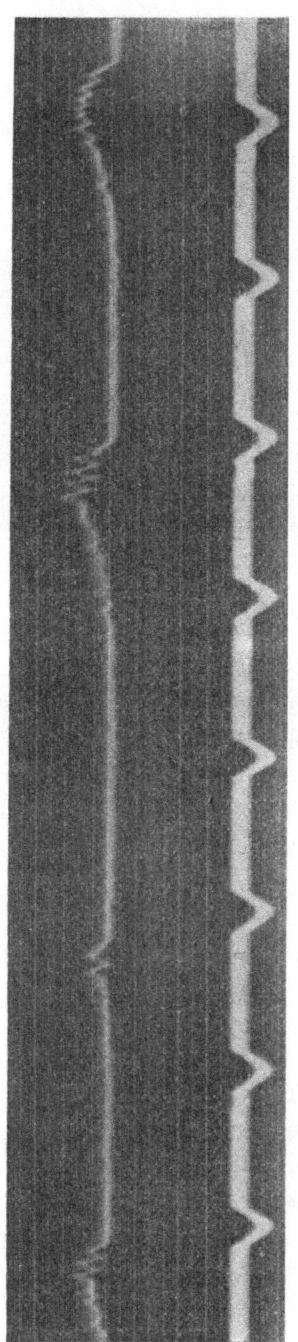

Abb. 35.

Aktionsströme der Augenmuskeln, Rectus internus des Kaninchens. Nystagmuskontraktionen, reflektorisch durch Drehung des Tieres hervorgerufen. Frequenz der Stromoszillationen etwa 60 pro Sekunde. Zeitschreibung $^{1}/_{5}$ Sekunde. (Nach Hoffmann.)

1) **Hoffmann**, noch nicht publiziert. Erscheint im Arch. f. Physiol. 1912.

das Hervorziehen und Spannen des Muskels und die Abkühlung durch die ganze Präparation als Ursache in Betracht kommt. Wenn nun durch Drehen des Tieres auf der Drehscheibe reflektorischer, labyrinthärer Nystagmus hervorgerufen wurde, so machten die Musc. recti externus und internus die rhythmischen Nystagmuskontraktionen mit, als ob das Auge noch in situ wäre. Bei

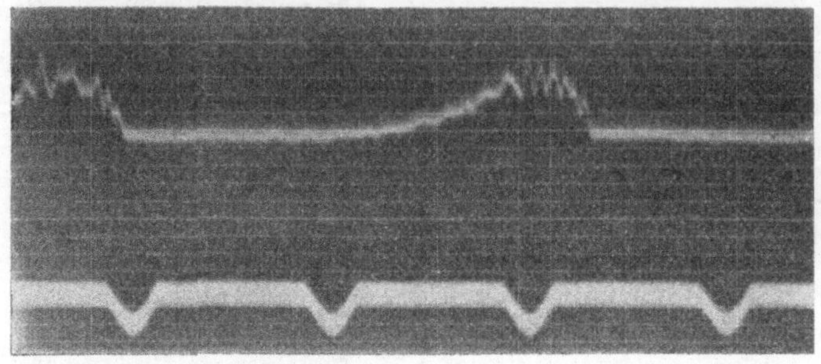

Abb. 36.
Dasselbe wie Abb. 35. (Nach Hoffmann.) Projektion des Saitenbildes bei 700facher Vergrößerung.

jedem solchen Nystagmusschlag der Muskeln wurden oszillierende Aktionsströme größerer Amplitüde abgeleitet, deren Wellenzahl pro Sekunde sich als nahe bei 60 liegend auszählen ließ. Demnach wäre auch hier die Frequenz der Innervationsimpulse mit den Unterarmflexoren und den anderen untersuchten Muskeln von gleicher Größenordnung.

4. Theorie.

In den Stromkurven aller soeben besprochenen Muskeln wurden die Hauptwellen ebenso und auf Grund derselben Überlegungen ausgezählt, wie bei den Beugern des Unterarmes. Die Auszählung der Hauptwellen ließ sich bis auf die angegebenen Einschränkungen überall zuverlässig ausführen, und es ergaben sich für jeden Muskel Schwingungsfrequenzen pro Zeiteinheit, die innerhalb der angegebenen Grenzen konstant gefunden wurden. Gestützt auf diese Tatsache darf man wohl mit Wahrscheinlichkeit schließen, daß ebenso wie bei den Flexoren die Zahl der gefundenen Stromwellen identisch ist mit der der Kontraktionswellen, welche pro Sekunde über jede am Tetanus beteiligte Muskelfaser hinlaufen. In der Beweiskette fehlt freilich der elektrische

Reizversuch, der den Nachweis zu liefern hätte, daß jede derjenigen Stromwellen, die beim Willkürtetanus registriert sind, äquivalent ist dem doppelphasischen Aktionsstrom, der bei Einzelreizung vom Nerven aus erhalten wird. Ohne diesen Versuch bleiben Interferenzen der Fibrillenströme denkbar, wenn auch nicht wahrscheinlich, die eine erheblich höhere Stromwellenzahl im abgeleiteten Strom ergeben könnten als die Zahl der über jede Faser laufenden Kontraktionswellen beträgt.

Man kann sich jetzt die Frage vorlegen, welcher Faktor im ganzen untersuchten System des zentralen Innervationsapparates und des Muskels bestimmend für die Frequenz der Kontraktionswellen ist, und man wird sich zunächst davon überzeugen, daß sich keine dem Muskel selbst innewohnende Eigenschaft als maßgebend für die Schwingungszahl des abgeleiteten Aktionsstromes erweisen läßt. Daß die Muskellänge z. B. ohne Bedeutung ist, wurde schon früher nachgewiesen. In den hier besprochenen Versuchen tritt dies von neuem mit Evidenz hervor. Die kurzen Daumenmuskeln und ebenso die Augenmuskeln haben dieselbe Schwingungszahl wie die langen Flexoren und Extensoren des Unterarms, nämlich 50 pro Sekunde. Man kommt auch auf Grund des hier beigebrachten Tatsachenmaterials immer wieder zu der Vorstellung, daß die Frequenz der muskulären Kontraktionswellen bestimmt wird durch die Zahl der pro Zeiteinheit zu jedem Muskel gelangenden Innervationsimpulse. Der Rhythmus nun, mit dem die Ganglienzellen die quergestreiften Muskeln innervieren, ist normalerweise ein fest dem Zentralnervensystem eingeprägter und hat eine Schwingungsfrequenz, die zwischen 40 und 60 pro Sekunde liegt. Diese Zahl bedeutet also für den motorischen Innervationsapparat aller Wahrscheinlichkeit nach eine wichtige Konstante.

Möglich bleibt, daß zwischen den Zentren für die Innervation verschiedener Muskeln gewisse Unterschiede bestehen, die gerade in den verschiedenen Aktionsstromzahlen der einzelnen Muskeln hervortreten. Man kann so vielleicht gewisse anatomisch nahe zusammenliegende und funktionell eng verknüpfte Ganglienzellengruppen zu einem motorischen Innervationszentrum zusammenfassen und durch die Zahl der pro Zeiteinheit von ihnen ausgehenden Nervenimpulse charakterisieren. Die enge funktionelle

Verknüpfung der in solchem Zentrum zusammengefaßten Ganglienzellen kommt darin zum Ausdruck, daß ihnen Muskelgruppen als Erfolgsorgane zugehören, die in der Regel zu koordinierter Tätigkeit gleichzeitig innerviert werden. Alle Muskeln, die einem solchen bestimmten Innervationszentrum zugeordnet sind, werden vollkommen gleiche Zahl von Innervationsimpulsen erhalten und infolgedessen gleichviele Kontraktionswellen pro Zeiteinheit beim Tetanus ablaufen lassen. Ein solches Innervationsgebiet würde z. B. die Flexoren und Extensoren des Unterarms und die Muskeln der Hand umfassen und durch eine normale Innervationszahl von 47—50 pro Sekunde charakterisiert sein. Ein anderes Gebiet umfaßt den Bizeps und vielleicht den Coracobrachialis und hat eine Schwingungszahl von 45—48 pro Sekunde. Das Deltoideuszentrum ist durch eine Zahl von 58—62 Nervenimpulsen pro Sekunde charakterisiert. Der Gastroknemius und Tibialis anticus haben ein Zentrum von geringerer Schwingungsfrequenz, nämlich von 42—44 Impulsen pro Sekunde, und noch kleiner ist die Innervationszahl für den Quadrizeps, nämlich etwa 40. Der Sterno-cleido-mastoideus hat nach den oben erwähnten Versuchen eine Schwingungsfrequenz von 40—43 pro Sekunde.

Wenn also auch gewisse Unterschiede in der Innervationszahl für die einzelnen Muskelgebiete und für die zugehörigen Nervenzentren bestehen mögen, so bleiben doch die Schwankungen innerhalb der eng gezogenen Grenzen zwischen etwa 40—60 pro Sekunde für alle Willkürinnervationen der Warmblütermuskeln, und in dieser Zahl ist allem Anschein nach eine Konstante des Zentralnervensystems gegeben.

IX. Verschiedene Versuchsbedingungen.

1. Veränderungen der Kontraktionskraft.

Es wurde in den bisherigen Ausführungen über die Muskelströme bereits hervorgehoben, daß bei Abänderung der Kontraktionskraft nicht die Zahl der pro Zeiteinheit abgeleiteten Aktionsstromwellen variiert, sondern nur die Amplitüde. Man kann aber gewisse Unterschiede konstatieren, je nachdem ob der Muskel in einem stetigen Verkürzungszustand fest verharrt oder ob die Verkürzung und die Kraftentfaltung im Muskel noch im Zunehmen begriffen ist. Die Unterschiede erstrecken sich nicht auf die Wellenzahl pro Zeiteinheit, wohl aber auf die Amplitüde und die Form des Ablaufs der Einzelwellen. Während des Fortschreitens der Verkürzung beobachtet man nämlich häufig Stromwellen von auffallend großer Amplitüde, die gut voneinander abgrenzbar sind und relativ einfache Form des Ablaufs zeigen. Dies Verhalten der Aktionsstromwellen läßt schließen, daß bei der Innervation eines Tetanus, dessen Kraft im Lauf der Kontraktion noch anwächst, die Kontraktionswellen aller Muskelfasern als sehr dicht zusammengehaltener Schwarm jeden gegebenen Muskelquerschnitt passieren, daß also auch die Salven der Innervationsimpulse mit großer Präzision im nervösen Äquator des Muskels eintreffen. Die Aktionsströme der Muskelfasern interferieren dann im abgeleiteten Strom mit annähernd gleichen Phasen, und es kommen auf diese Weise Stromwellen von großer Amplitüde und einfacher Form des Ablaufs zustande. Dasselbe beobachtet man, wenn im Laufe einer stetig gewordenen tetanischen Kontraktion zu irgend einer Zeit durch eine neue Willensanstrengung der Muskel zu kräftigerer Kontraktion innerviert wird.

Wenn auch eine so präzise Innervierung durch die Salven der Impulse und eine so dichte Formierung der Kontraktionswellenschwärme während einer ganz gleichmäßig stetigen Kraftentwicklung nicht besteht, so behalten doch auch dann die Kontraktionswellenschwärme so viel Zusammenhalt, daß sie durch wellenfreie Intervalle fast immer voneinander abgegrenzt bleiben, Das ist aus dem Bestehenbleiben abgrenzbarer Hauptwellen im abgeleiteten Aktionsstrom mit Sicherheit zu erschließen. Ist der Tetanus im Abnehmen begriffen, so sind die Innervationssalven und die Kontraktionswellenschwärme noch mehr gelockert und dissoziiert, und an den Kurven der Aktionsstromwellen treten in Form zahlreicher kleiner, den Hauptwellen superponierter Zacken die Merkmale einer phasenverschiedenen Interferenz der Fibrillenströme noch ausgesprochener hervor.

Es kann zweifelhaft sein, wie Kontraktionen verschiedener Stärke in einem Muskel von statten gehen. Auf der einen Seite liegt die Möglichkeit vor, daß hierbei die Zahl der beteiligten Muskelfasern variiert, daß aber über die beteiligten Muskelfasern stets Kontraktionswellen von gleicher Länge und Intensität hinlaufen, daß also nur funktionelle Zustandsänderung einerlei Art und einerlei Grades möglich ist; auf der anderen Seite ist denkbar, daß sich der funktionelle Prozeß auch in jeder einzelnen Faser mit variabler Intensität abspielen kann, wobei die Frage offen bleiben mag, ob die Kontraktionswellen bei größerer Kraft der Kontraktion einen längeren Bereich der Faser in Anspruch nehmen, ob also deren Länge wechselt oder ob je nach der Intensität des zufließenden Impulses der funktionelle Vorgang sich im Bereich einer konstant ausgedehnten Kontraktionswelle mit variabler Intensität abspielt. Mir scheint, man kann die Variabilität der Kontraktionsgröße jeder Einzelfaser nicht bestreiten, denn es ist leicht, durch Veränderung der auf den Nerven applizierten Reizintensität verschiedene Kontraktionsgrade zu erzielen. Dabei ist aber kaum anzunehmen, daß die Zahl der gereizten Nervenfasern variiert, vielmehr dürfte nur die Intensität ihrer Reizung wechseln und es dürften in jedem Falle alle Muskelfasern innerviert werden, nur muß sich je nach der Stärke der Reizung der Kontraktionsvorgang in allen Fasern in variablem Maße abspielen, so daß Verkürzungs- und Spannungseffekte verschiedenen Grades resultieren. Hält man durch diesen Versuch für erwiesen, daß die Intensität des Kontraktionsvorganges in jeder Einzelfaser variabel ist, so ist natürlich damit nicht ausgeschlossen, daß auch von dem anderen Mittel, die Kraft einer Kontraktion abzustufen, Gebrauch gemacht wird, nämlich dem, die Zahl der beanspruchten Fasern je nach Bedarf abzuändern.

2. Kürzeste Bewegungen.

Wenn man von den Unterarmflexoren die Aktionsströme ableitet, während ganz kurze, scheinbar zuckende Flektionen

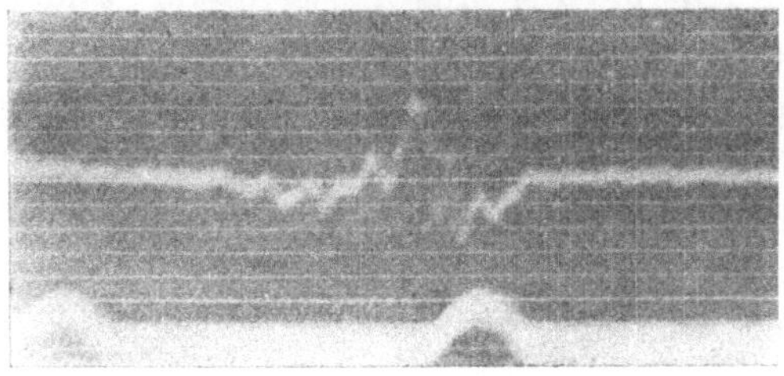

Abb. 37.
Aktionsströme der Unterarmflexoren bei kürzesten Willkürbewegungen. Nicht Zuckung, sondern kurzer Tetanus. Oszillationsfrequenz der Stromwellen: ca. 50 pro Sekunde. 7 bis 8 Stromwellen. Zeitschreibung $^1/_5$ Sekunde. Projektion des Bildes der Galvanometersaite bei 700facher Vergrößerung.

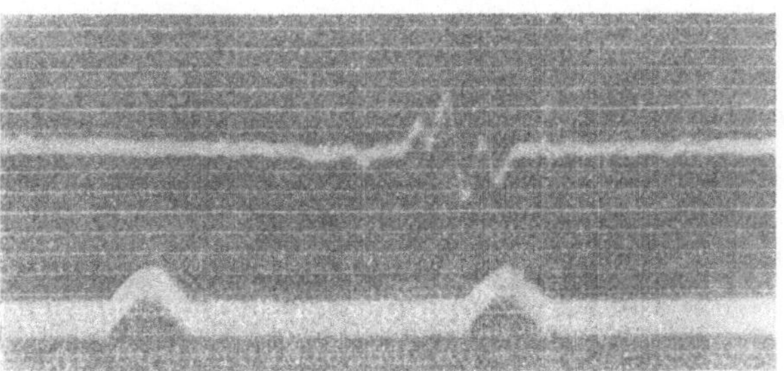

Abb. 38.
Wie Fig. 37. Nur 3 Stromwellen, ebenfalls im 50-Rhythmus pro Sekunde.

ausgeführt werden, so zeigt sich, daß es sich auch bei diesen schnellsten und kürzest dauernden Willkürkontraktionen stets um Tetani handelt (Abb. 37 u. 38). Man erhält niemals einen einfachen doppelphasischen Strom von $^1/_{50}$ Sekunde Dauer, wie bei den Einzelzuckungen, sondern stets mehrere aufeinanderfolgende derartige Stromwellen. Die geringste Zahl, die ich von meinen Flexoren habe darstellen können, waren 3—4 Hauptwellen, so daß also in diesem Fall 3—4 Innervationsimpulse dem Muskel zugeschickt sein müssen und die gleiche Zahl von Kontraktionswellen über ihn abgelaufen ist. Häufig ist die Zahl der abgeleiteten Stromwellen noch erheblich größer und beträgt, auch wenn man sich bemüht hat, eine sehr kurze Bewegung auszuführen, 6—9 Stromwellen. Ob es durch Übung gelingt, noch kürzere Tetani als solche von 3—4 Schwingungen durch Willkürinnervation zu erzielen, muß dahingestellt bleiben. Vielleicht sind Klavier- und Violinspieler dazu imstande, die ja große Übung in der Ausführung äußerst schneller und sehr prompter Fingerbewegungen haben. Berechnet man aus der Wellenlänge der Stromwellen, die bei solchen kürzesten Bewegungen in der Zahl von 3 oder 4 registriert worden sind, die Oszillationsfrequenz pro Sekunde, so erhält man wieder dieselbe Zahl, die auch für lang dauernde, mechanisch stetige Kontraktion gefunden wurde, nämlich 50 pro Sekunde.

3. Ermüdung.

Wenn der Rhythmus der Innervation und der Muskelvorgänge von der Kraft und der Dauer der Kontraktion sich unabhängig erwiesen hat, so läßt sich doch zeigen[1]), daß die Frequenz der abgeleiteten Aktionstromwellen durch gewisse Bedingungen abgeändert werden kann. Ein Faktor der dies bewirkt, ist die Ermüdung des Nerv-Muskelsystems, wie jetzt gezeigt werden soll. Abb. 39 zeigt eine Kurve von Stromwellen, die bei kräftiger Kontraktion des normalen Muskels aufgenommen worden ist. Man erkennt ohne weiteres die „Hauptwellen“ und zählt deren Frequenz auf 50 pro Sekunde aus. Viele zeigen superponierte Nebenzacken, die in Frequenz und Lageverhältnis zur Hauptwelle außerordentlich variabel sind und durch phasenverschiedene Interferenz der Fibrillenströme zustande gekommen zu denken sind. Man kann eine derartige kräftige Kontraktion der Unterarmflexoren unte Zusammendrücken eines Dynamometers eine beträchtliche Zeit-

---

[1]) Piper, Über die Ermüdung bei willkürlichen Muskelkontraktionen. Rubners Archiv für Physiologie, S. 491. 1909.

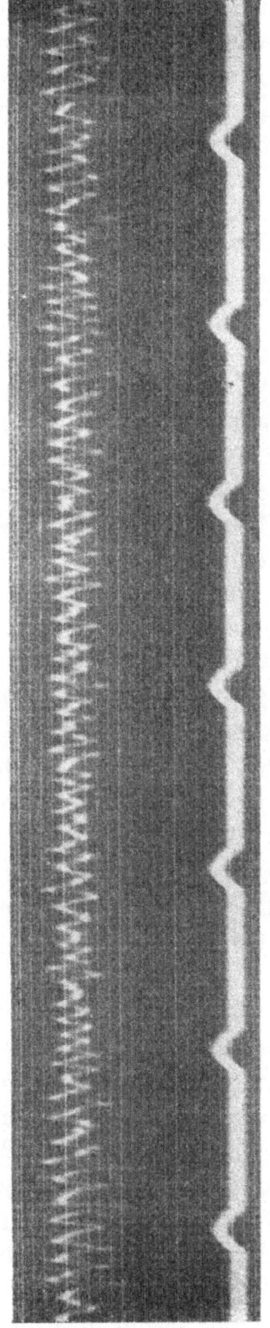

Abb. 39.
Aktionsströme der Unterarmflexoren bei Willkürkontraktion ohne Ermüdung zum Vergleich mit Abb. 40. Typischer 50er Rhythmus. Zeitschreibung $^1/_5$ Sekunde.

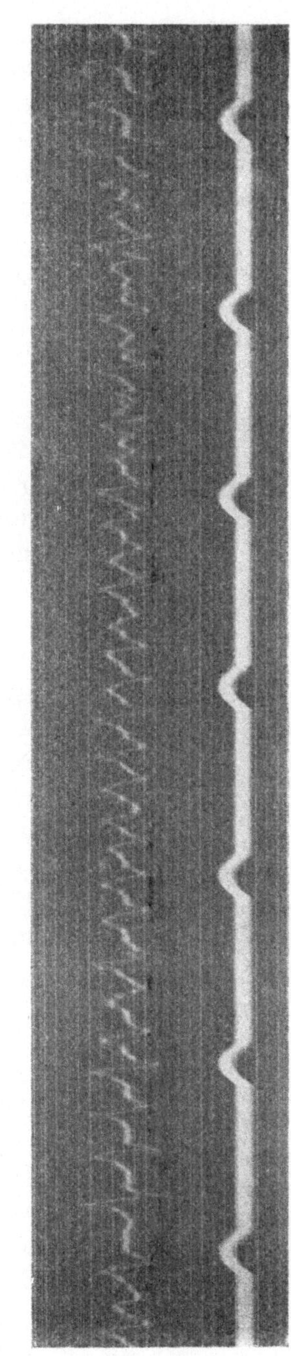

Abb. 40.
Aktionsströme der Unterarmflexoren bei Willkürkontraktion nach hochgradiger Ermüdung. Frequenz der Hauptwellen etwa 20 bis 25 pro Sekunde. Am Anfang und Ende der Kurve sind die Hauptwellen durch wellenfreie Intervalle voneinander getrennt. Zeitschreibung $^1/_5$ Sekunde.

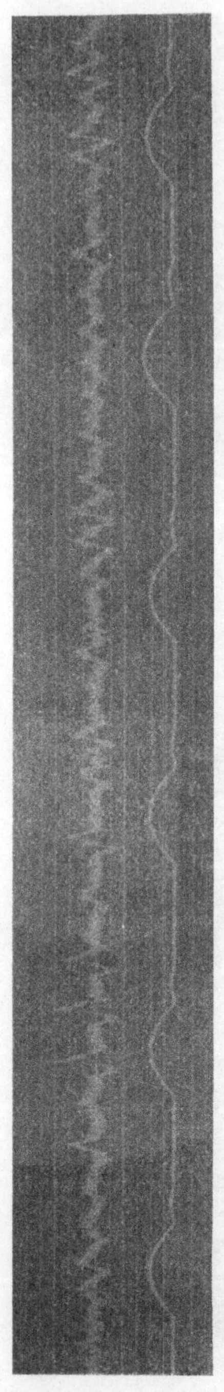

Abb. 41.

Aktionsströme der Unterarmflexoren bei Willkürkontraktion nach hochgradiger Ermüdung. Frequenz der Hauptwellen pro Zeiteinheit etwa 35 pro Sekunde. Die Hauptwellen sind zum großen Teil langgedehnt, haben kleine Amplitude und zeigen vielfache superponierte Nebenzacken. Zeitschreibung $^1/_5$ Sekunde. Projektion des Bildes der Galvanometersaite bei 700facher Vergrößerung.

lang fortsetzen, ohne daß im Rhythmus der abgeleiteten Hauptwellen eine Änderung eintritt. Sie behalten die Frequenz von 50 pro Sekunde bei und nehmen nur dann und wann an Amplitüde ab, um bei erneuter Willensanstrengung wieder zur früheren Größe anzuschwellen. Treibt man die Ermüdung aber so weit, daß man die Kontraktion nur noch mit letzter Willensanstrengung erzwingen und noch einmal kurze Zeit fortsetzen kann, und daß hochgradiges, fast schmerzhaftes Ermüdungsgefühl im Arm sich einstellt, so zeigt die Kurve der dabei abgeleiteten Aktionsstromwellen Merkmale, die von den normalen erheblich abweichen. Das Auffallendste ist, daß die Frequenz der Hauptwellen auf 35—25 pro Sekunde in großen Strecken der Kurve heruntergeht (Abb. 40). Freilich, und das ist sehr beachtenswert, fällt sie auch jetzt noch, wenn auch nur für kurze Intervalle, immer wieder in den 50er Rhythmus zurück. Im ganzen aber bleibt sie beträchtlich niedriger.

Faßt man die einzelnen Wellen in diesen Kurvenstrecken niedriger Schwingungsfrequenz näher ins Auge, so kann man zweierlei Typen unterscheiden, die eine Art zeigt große Wellenlänge und die einzelnen Wellen folgen aufeinander, ohne daß sie durch eingeschaltete Pausen voneinander getrennt sind. Diese gedehnten Wellen lassen durch ihre Beschaffenheit erkennen, daß sie durch Superposition von fibrillären Aktionsstromwellen entstanden sein müssen, die mit Phasenunterschieden interferiert haben. Denn sie haben kleine Amplitüde und zeigen zahlreiche superponierte Nebenzacken (Abb. 41). Man kann daran denken, die so beobachtete Dehnung der Länge der Hauptwellen auf eine im Vergleich zur Norm verringerte Fortpflanzungsgeschwindigkeit der Kontraktionswellen im Muskel zu beziehen. Dieser Schluß ist aber wahrscheinlich nicht richtig, denn andere zugleich zu beobachtende Wellenformen lassen erkennen, daß der Muskel auch nach Ermüdung die Kontraktionswellen noch mit annähernd normaler Geschwindigkeit zu leiten vermag. Richtiger dürfte es sein, den Grund für die Dehnung der Wellenlänge darin zu suchen, daß die Schwärme der fibrillären Kontraktionswellen lang ausgedehnt sind, so daß sie in jedem gegebenen Zeitteilchen ihres Ablaufs einen großen Längenbereich im ganzen Muskel einnehmen. Die Nebenzacken, die den Hauptwellen superponiert sind, lassen erkennen, daß der stark gelockerte Schwarm fibrillärer Kontraktionswellen aus einer Reihe aufeinanderfolgender Untergruppen besteht. Die an der Spitze des Schwarmes laufenden Wellen würden dann am Muskelende ankommen und erlöschen, wenn die letzten Gruppen erst einen Teil ihres Weges zurückgelegt haben. Die fibrillären Wellen eines so formierten Schwarmes müssen ungleichzeitig vom nervösen Äquator abgehen, d. h. die Innervationsimpulse müssen hier als Salven von geringer Präzision eingetroffen sein. Wenn dies der Fall ist, so ist zu erwarten, daß die Aktionsstromwellen alle Merkmale zeigen, die durch phasenverschiedene Interferenz der doppelphasischen fibrillären Aktionsströme zustande kommen müssen, und dies ist der Fall. Man findet kleine Amplitüde der Hauptwellen, große Wellenlänge und zahlreiche superponierte Nebenzacken.

Der zweite Stromwellentypus, der sich in der Ermüdungskurve und zwar gleichfalls in den Strecken reduzierter Schwingungsfrequenz findet, ist besonders beachtenswert. Er zeigt ungefähr dieselbe Wellenlänge, die man im Mittel für die Aktionsstromwellen unermüdeter Muskeln findet, also etwa $^1/_{50}$ Sekunde. Er zeigt ferner eine große, der Norm sehr nahe Amplitüde und wenig oder gar keine superponierten Nebenzacken. Das alles sind Merkmale, die erkennen lassen, daß diese Wellen durch annähernd phasengleiche Interferenz der fibrillären Aktionsströme zustande kommen, daß also die Innervationssalven mit guter Präzision bei allen Nervenendorganen der einzelnen Muskelfasern eingetroffen sind, daß die fibrillären Kontraktionswellen gleichzeitig vom nervösen Äquator ihren Abgang genommen haben und als dicht zusammengehaltener Schwarm mit ungefähr normaler Geschwindigkeit durch den Muskel hingelaufen sind. Hier finden wir also alle Merkmale an den Stromwellen, die ein Zustandekommen durch phasengleiche Interferenz der fibrillären Aktionsströme beweisen, nämlich normale Wellenlänge, große Amplitüde und wenig oder gar keine superponierten Nebenzacken. Namentlich der normale Wert der Wellenlänge zeigt, daß auch nach Ermüdung die Kontraktronswellen im Muskel mit sehr annähernd normaler Geschwindigkeit ablaufen.

Diese Wellen normaler Länge und Amplitüde sind in der Ermüdungskurve durch wellenfreie Intervalle voneinander geschieden. Die Galvanometersaite stellt sich zwischen je zwei doppelphasischen Stromwellen für kurze Zeit in die Ruhelage ein. Das ist in der Kurve der Stromwellen des unermüdeten Muskels nie der Fall. Hier folgt vielmehr Welle auf Welle, ohne Pause in kontinuierlicher Folge, weil jede Welle $^1/_{50}$ Sekunde Dauer hat und alle $^1/_{50}$ Sekunden eine neue Welle anhebt. Es gelingt also durch Ermüdung, die sonst kontinuierlich aufeinanderfolgenden Wellen durch zwischengeschaltete Pausen voneinander zu isolieren. Dies ist wohl ein neuer stringenter Beweis dafür, daß die für die Norm registrierten und in kontinuierlicher Folge sich aneinanderreihenden Hauptwellen als doppelphasische Aktionsströme zu gelten haben. Denn die in der Ermüdungskurve isolierten Wellen sind identisch mit den durch elektrische Einzelreizung isoliert dargestellten doppelphasischen Aktionsströmen. Wenn also bisher noch der Nachweis fehlte, daß einzelne doppelphasische Aktionsströme bei Kontraktionen, die vom Zentralvervensystem bewirkt sind, direkt aufgezeigt werden, und daß ein direkter Übergang solcher Stromwellen in die bei normaler Willkürkontraktion gefundenen nachgewiesen wurde, so leistet dies die hier beschriebene Ermüdungskurve.

Man hat es bei den Versuchen über die Willkürkontraktion immer mit dem ganzen System des Innervationsapparates und des Muskels als Erfolgsorgan zu tun, und es erhebt sich die Frage, ob die am Muskel beobachteten Ermüdungssymptome auf eine abgeänderte Innervationsweise des nervösen Zentrums zu beziehen sind, oder ob die Rhythmik des Muskels unmittelbar modifiziert ist, oder ob beides der Fall ist. Da der Rhythmus der oszillatorischen Vorgänge im willkürlich innervierten Muskel direkt durch die Zahl der Innervationsimpulse bestimmt zu denken ist, so kann die Frequenzabnahme der muskulären Zustandsoszillationen bei der Ermüdung nur auf eine Abnahme der Zahl der Innervationsimpulse bezogen werden. In dieser Beziehung ist also Sitz und Ursache der am Muskel beobachteten Ermüdungserscheinungen im Zentralnervensystem zu suchen. Namentlich die Pausen zwischen den Abläufen aufeinanderfolgender Kontraktionswellen sind wohl nur durch das Ausbleiben oder das verspätete Eintreffen der auslösenden Innervationsimpulse zu erklären. Der Muskel dagegen vermag die Kontraktionswellen noch mit normaler Geschwindigkeit zu leiten, denn er liefert Aktionsstromwellen von normaler Wellenlänge und Amplitüde; er vermag auch die Kontraktionswelle noch in der normalen 50er Frequenz ablaufen zu lassen, wenn ihn nur entsprechend frequente Innervationsimpulse träfen. Das ist einerseits daraus zu erkennen, daß auch nach Ermüdung der 50er Rhythmus sich immer wieder für kurze Zeit herstellt, dann aber vor allen Dingen daraus, daß auch nach Ermüdung durch Willkürkontraktion der Muskel bei elektrischer Reizung des Nerven noch Reizfrequenzen, die weit höher als 50 pro Sekunde liegen, mit gleich frequenten funktionellen Oszillationen nach Ausweis der abgeleiteten Aktionsströme zu folgen vermag.

Es ergibt sich also, daß die Ermüdung des Innervations- und Muskelsystems bei Willkürkontraktion sich in einer Abnahme der Frequenz der den Muskeln pro Zeiteinheit zufließenden Innervationsimpulse äußert. Zeitweise sind die Innervationssalven stark dissoziiert, so daß Aktionsstromwellen von sehr gedehnter Länge beobachtet werden, zeitweise sind zwischen je zwei aufeinanderfolgende, sonst präzise formierte Salven so lange Pausen eingeschaltet, daß die doppelphasischen Aktionsströme des Muskels auch mit größeren Pausen aufeinanderfolgen. Normalerweise ist, wie wir sahen, die Frequenz der Innervationsimpulse und die Leitungsgeschwindigkeit im

Muskel so aufeinander abgestimmt, daß Wellenablauf auf Wellenablauf ohne erhebliche, oder doch nur mit kleiner Pause folgt. Wenn also eine Kontraktionswelle gerade am unteren Muskelende eingetroffen und erloschen ist, so trifft am nervösen Äquator eine neue Salve von Innervationsimpulsen ein, so daß hier eine neue Kontraktionswelle abgeht. Wenn die Ablaufdauer der Kontraktionswelle $^{1}/_{50}$ Sekunde beträgt, so muß auch im nervösen Äquator alle $^{1}/_{50}$ Sekunden ein neuer Innervationsimpuls eintreffen. Diese Einrichtung versagt allem Anschein nach bei der Ermüdung, so daß die Frequenz der Innervationsimpulse und die Regelmäßigkeit ihrer Aufeinanderfolge gestört ist.

4. Der Temperaturkoeffizient der Rhythmik in Muskel und Nerv.

Man kann nachweisen, daß der Rhythmus des Innervations- und Muskelapparates eine Temperaturfunktion ist[1]), indem man zeigt, daß die Frequenz der vom Muskel ableitbaren Aktionsstromoszillationen in weiten Grenzen durch Abänderung der Temperatur variiert werden kann, Für diese Versuche sind die menschlichen und überhaupt die Warmblütermuskeln weniger geeignet, weil hier die Organe ihre Funktion einstellen oder doch als stark beeinträchtigt erkennen lassen, wenn man ihr Temperatur auch nur in bescheidenem Umfang verändert. Von den Poikilothermen ist der Frosch für diese Versuche nicht brauchbar, weil es kaum möglich ist, lang anhaltende und stetige Kontraktionen irgend eines Muskels durch reflektorische Innervation zu erhalten. Die Tiere machen nur kurze schnellende Bewegungen, und fast immer sind diese durch das Ineinandergreifen und die schnelle Aufeinanderfolge der Aktion zahlreicher Muskeln so kompliziert, daß eine Analyse mit Hilfe der Aktionsströme auf sehr große Schwierigkeiten stößt. Immerhin gelingt es sehr wohl, Aktionsströme abzuleiten und zu registrieren. Wenn man z. B. vom Quadriceps femoris zum Saitengalvanometer ableitet und durch geeignete Reizmethoden

---

[1]) H. Piper, Weitere Untersuchungen über die natürliche Innervierung von Muskelkontraktionen der Temperaturkoeffizient der Rhythmik in Muskel und Nerv. Rubners Archiv für Physiologie 1910, S. 207.

Reflexkontraktionen der Beinmuskeln auslöst, so erhält man Stromrhythmen, die den tetanischen Charakter dieser Kontraktion ohne weiteres verraten. Aber die Frequenz der Stromwellen pro Zeiteinheit und die Amplitüde und Wellenlänge ist zu inkonstant, um eine detaillierte Analyse zu erlauben; so viel kann man indessen mit Sicherheit sagen, daß die Zahl bei Zimmertemperatur einen Wert von mindestens 30 pro Sekunde hat, somit weit höher liegt als die Periode der Aktionsstromwellen, die beim Strychnintetanus vom Froschmuskel in der Frequenz von 7—10 pro Sekunde mit Hilfe des Kapillarelektrometers registriert worden sind.

Ein sehr günstiges Objekt für die Untersuchung des Temperatureinflusses auf die Nerven- und Muskelrhythmik sind die Schildkröten, und zwar habe ich Testudo graeca erheblich brauchbarer gefunden als Emys europaea. Besonders geeignet für diese Versuche sind hier die Muskeln, mit denen der Kopf unter das Schild zurückgezogen wird. Die beiden Retraktoren liegen symmetrisch ganz nahe der Medianebene und sind parallelfaserige Muskeln, die vom Kopf bis zum hinteren Ende des Rückenschildes ziehen und ganz nahe der Wirbelsäule jederseits liegen. Die Nerven treten ziemlich am oberen Ende zum Muskel. Der nervöse Äquator dürfte also ziemlich weit oben zu lokalisieren sein, wie auch durch das physiologische Verhalten der Aktionsströme des Muskels dargetan wird. Es ist sehr leicht, diese Muskeln zu reflektorisch-innervierter, sehr kräftiger und ganz stetiger Kontraktion zu bringen. Wenn man den Kopf des Tieres faßt und unter dem Schild hervorzieht, so strebt das Tier, ihn mit solcher Kraft aus der Hand zu befreien und zurückzuziehen, daß man bei kräftigen Exemplaren dem Zug kaum standhalten kann. Man hat also bei diesen Muskeln als Untersuchungsobjekt viele Vorteile vereinigt: einfache anatomische Verhältnisse, isolierte Untersuchung eines einfach angeordneten parallelfaserigen Muskels mit einfachen Innervationsverhältnissen, sehr kräftige und lange Zeit ganz stetige und dabei sehr leicht reflektorisch auslösbare Muskelaktion.

Für die Versuche wurde etwas seitlich von der Wirbelsäule in der Mitte zwischen vorderem und hinterem Ende des Schildes mit einem Trepanbohrer ein Loch von 6 mm Durchmesser durch das obere Schild gebohrt (Abb. 42). Durch dieses wurde ein

Thermometer eingeführt, so daß das Quecksilbergefäß 2 cm unter dem Schild seine Lage erhielt. Auf der anderen Seite der Medianebene wurden zwei Trepanlöcher gleicher Art gemacht, das eine etwas vor dem Mittelpunkt zwischen vorderem und hinterem Schildende, das zweite 3,5 cm weiter zurück. Durch diese Löcher wurden unpolarisierbare Elektroden so weit eingeführt, daß das Ende 2,5 cm tief unter dem Schild stak. Man über-

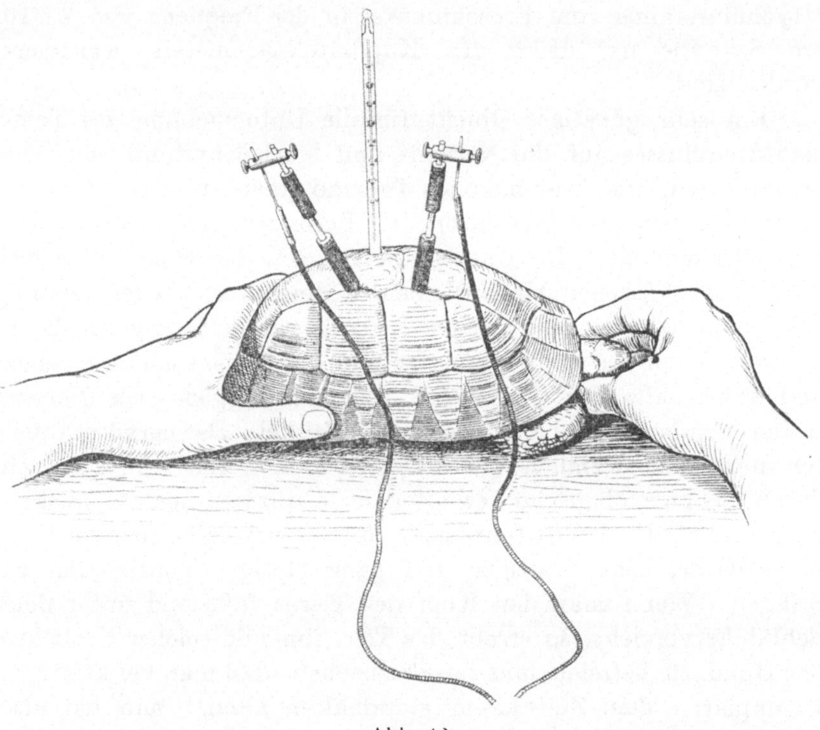

Abb. 42.

zeugt sich leicht bei der Sektion des Tieres, daß die so angebrachten Elektroden dem Muskel unmittelbar anliegen. Durch diese Elektroden wurden die Muskelströme zum Saitengalvanometer abgeleitet.

Vor Beginn der Versuche wurden die Tiere mehrere Stunden lang unter Eisstücke gepackt und in den Eisschrank gesetzt, sie hatten dann eine Temperatur von 3—4^{0}, und dabei wurden die ersten Registrierungen der Muskelströme gemacht. Dann wurde das Tier aus dem Eis herausgenommen und nahm nun im Laufe von zwei Stunden allmählich Zimmertemperatur, 18—20° an. Immer wenn die Temperatur um 2° gestiegen war, wurden von neuem die Muskelströme aufgenommen. Um dann eine weitere Zunahme der Eigentemperatur des Tieres zu bewirken, wurde es auf warme Sandbäder gesetzt. So konnte im Laufe weiterer zwei Stunden eine langsame Temperaturzunahme bis zu 41° erzielt werden und es konnten wiederum bei bestimmten Temperaturintervallen Registrierungen der Aktionsströme der natürlich innervierten Kopfretraktoren vorgenommen werden. Bei 41° kollabiert das Tier und geht zugrunde, wenn es nicht abgekühlt wird.

Registriert man zunächst einmal die Aktionsströme der Kopfretraktoren unter normalen Temperaturbedingungen, also etwa bei 20°, so erhält man Stromrhythmen, deren Oszillationsfrequenz 25—30 pro Sekunde beträgt, wenn man, wie das auch bei den menschlichen Muskeln geschah, die Hauptwellen auszählt (Abb. 48 und 49). Viele dieser Hauptwellen zeigen die bekannten superponierten Nebenzacken, die nach Zahl und Lage von Welle zu Welle höchst mannigfaltig variieren können. Das Zustandekommen jeder Hauptwelle ist wiederum so zu denken, daß vom weiter vorn gelegenen nervösen Äquator aus ein Schwarm von Kontraktionswellen durch den Muskel hinläuft und zuerst die vordere und dann die hintere Elektrode passiert. Auf diese Weise kommt ein doppelphasischer Aktionsstrom zustande, der in Form einer aus Wellenberg und Wellental bestehenden Hauptwelle registriert wird. Da man 30 Hauptwellen pro Sekunde ableitet, müssen 30 Schwärme von Kontraktionswellen durch den Muskel laufen und 30 Innervationssalven beim nervösen Äquator pro Sekunde eintreffen. Es ist leicht festzustellen, daß die Stromwellenzahl unabhängig von der Kraft der Kontraktion annähernd konstant bleibt. Auch wenn das Tier während der Stromregistrierung nur durch schwachen Muskelzug den Kopf zurückzuziehen strebt, erhält man Rhythmen von 30 Wellen pro Sekunde; nur die Amplitüde ist kleiner. Das Verhalten der den Hauptwellen superponierten Nebenzacken ist ganz analog dem an den menschlichen Muskeln beobachteten, und ist auch hier wohl ohne Frage so zu deuten, daß infolge unpräzisen Eintreffens der Innervationssalven im nervösen Äquator gelockerte Schwärme von Kontraktionswellen durch den Muskel laufen, und daß infolgedessen die Aktionsströme der einzelnen Muskelfasern nur annähernd, aber nicht vollständig gleichphasisch im Ableitungsstrom interferieren.

Was nun die Abhängigkeit der Stromquellenfrequenz von der Temperatur betrifft, so überzeugt man sich zunächst leicht, daß die Zahl der Hauptwellen im Kurvenzug von 30 pro Sekunde absinkt, wenn das Tier abgekühlt wird, und daß sie zunimmt, wenn die Eigentemperatur des Tieres steigt.

Bei ganz niedrigen Temperaturen, etwa bei $+4^0$, wird die Aufeinanderfolge der Stromwellen ganz unregelmäßig, so daß von einem Rhythmus und von einer konstanten Zahl von Stromwellen pro Zeiteinheit überhaupt nicht mehr die Rede sein kann. Man registriert langgedehnte Hauptwellen von sehr niedriger Frequenz und von sehr unregelmäßiger Ablaufform (Abb. 44). Dazu kommen stellenweise typische doppelphasische Stromwellen von großer Amplitüde und ganz einfacher Ablaufform vor, wie sie Einzelzuckungen des Muskels entsprechen würden. Auf solche Welle folgt fast immer ein wellenfreies Zeitintervall (Abb. 43). Bei so hochgradiger Abkühlung schickt also das Zentralnervensystem zur Muskelinnervation Salven von sehr unregelmäßiger Aufeinanderfolge und geringer Frequenz pro Zeiteinheit. Manchmal sind die Salven sehr präzise formiert, so daß dicht zusammengehaltene Schwärme von Kontraktionswellen durch den Muskel laufen und einfache doppelphasische Aktionsströme zum Vorschein kommen; meistens aber sind die Salven sehr unpräzise, so daß die fibrillären Kontraktionswellen als lang ausgezogene, locker angeordnete Schwärme durch den Muskel laufen und Aktionsströme geben, die große Wellenlänge, kleine Amplitüde und sehr unregelmäßige Ablaufform aufweisen. Auch die einfach verlaufenden doppelphasischen Ströme sind unter diesen Temperaturbedingungen stark gegen die Norm gedehnt, so daß eine Verminderung der Ablaufgeschwindigkeit der Kontraktionswelle im abgekühlten Muskel sehr deutlich in die Erscheinung tritt. Im ganzen erhält man also bei Temperaturen unter 4^0 das Bild einer trägen und nach Rhythmus und Intensität mangelhaft geregelten Funktionsweise von Innervationsapparat und Muskel.

Bei manchen Versuchstieren stellt sich eine regelmäßigere Rhythmik der Aktionsstromwellen schon bei Temperaturen von

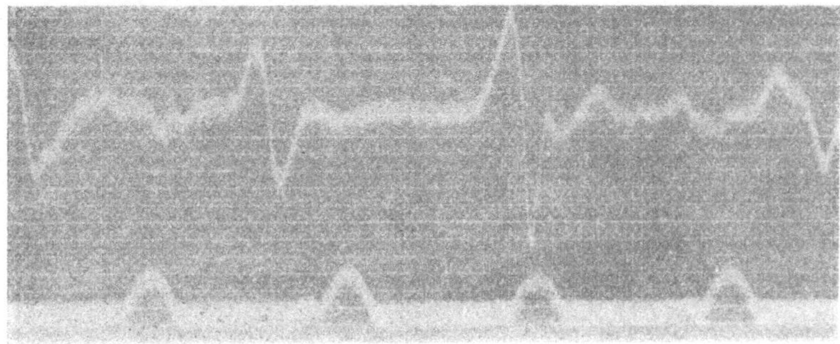

Abb. 43.
Aktionsströme der Retraktoren des Kopfes von Testudo graeca bei natürlich innervierter Kontraktion. Temperatur des Versuchstieres etwas unter 4°. Unregelmäßige träge ablaufende Stromschwankungen, einzelne doppelphasische Ströme. Zeitschreibung $^{1}/_{5}$ Sekunde. Projektion des Bildes der Galvanometersaite bei 700facher Vergrößerung.

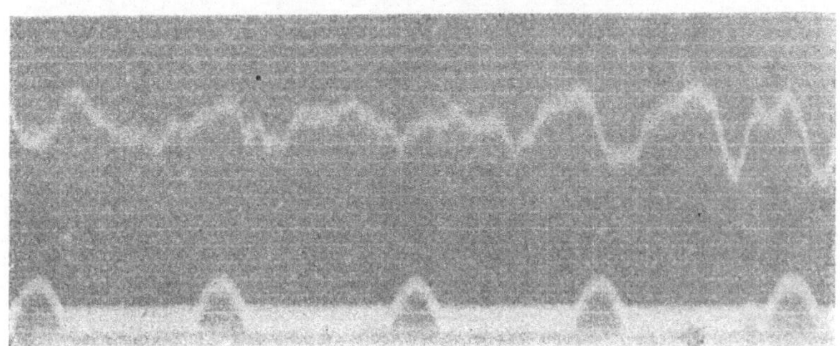

Abb. 44.
Aus demselben Kurvenzug wie Abb. 43. Träge ablaufende Hauptwellen mit superponierten Zacken. 8—9 Hauptwellen pro Sekunde.

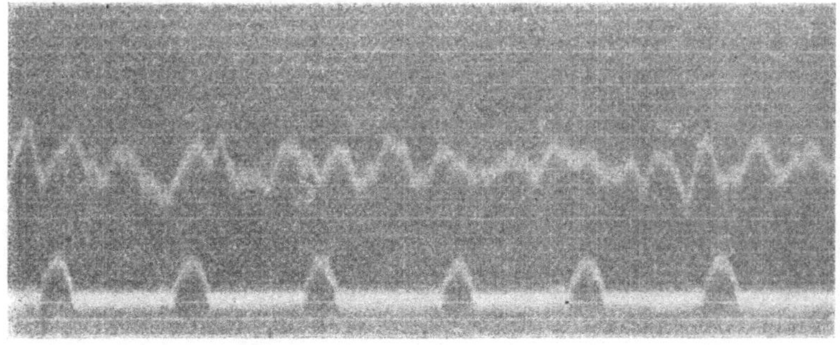

Abb. 45.
Retraktorenströme. Temperatur des Tieres 4°. 11—13 Hauptwellen pro Sekunde.

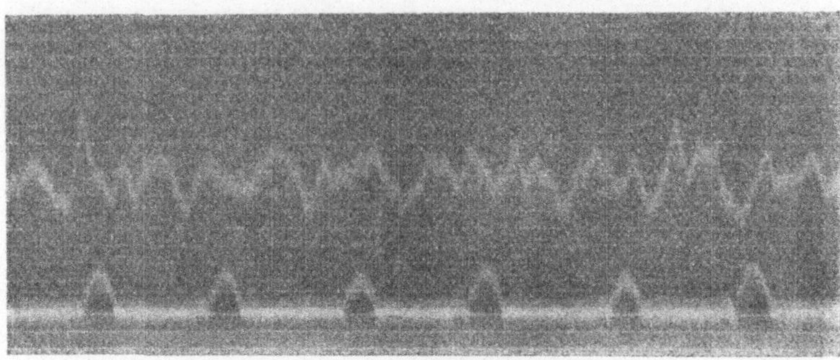

Abb. 46.
Temperatur 7°. 15 Hauptwellen pro Sekunde.

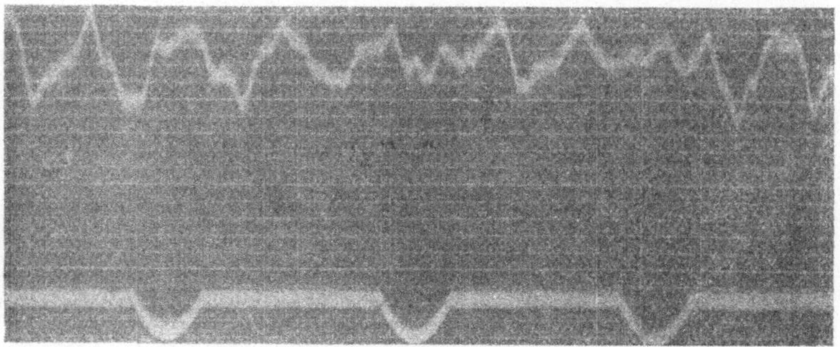

Abb. 47.
Temperatur 12°. 16—18 Hauptwellen pro Sekunde.

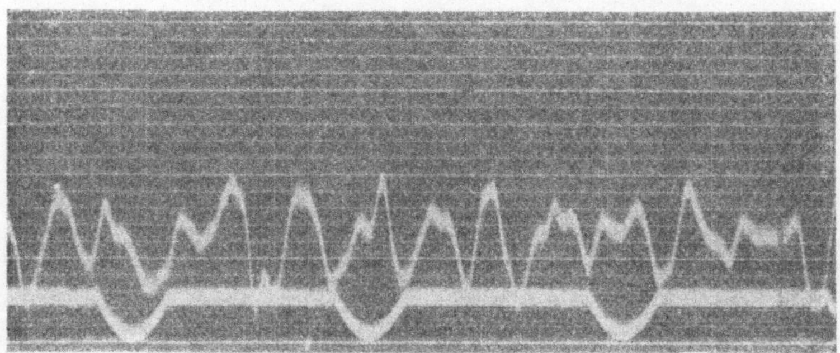

Abb. 48.
Temperatur 15,5°. 22—24 Hauptwellen pro Sekunde.

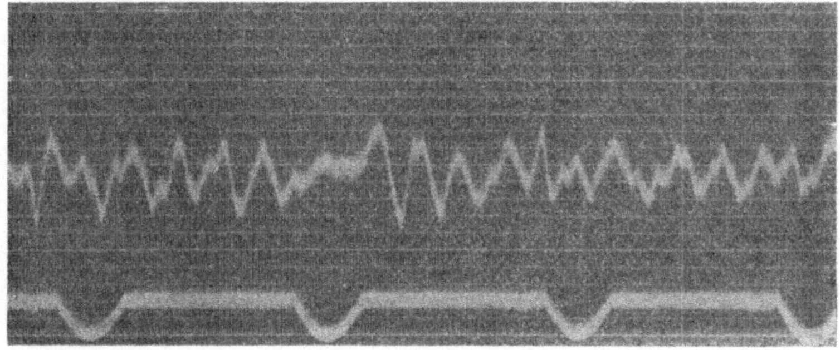

Abb. 49.
Temperatur 20°. 30 Hauptwellen pro Sekunde.

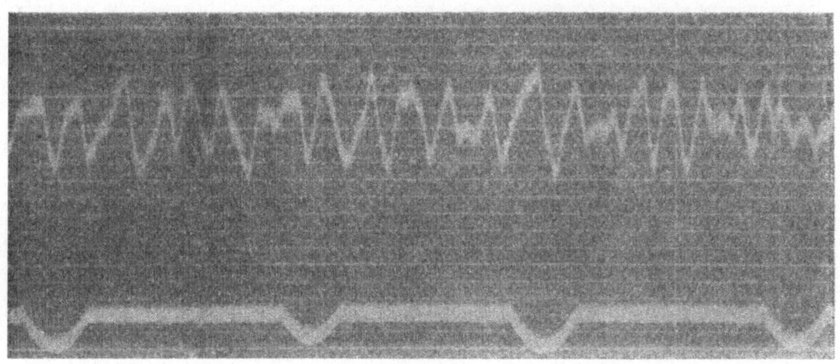

Abb. 50.
Temperatur 24°. 35 Hauptwellen pro Sekunde.

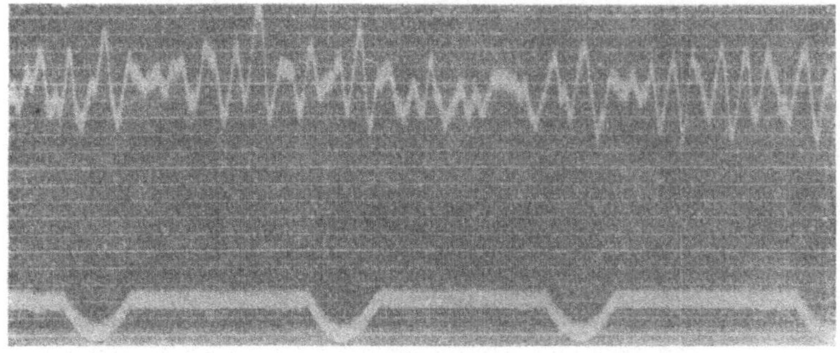

Abb. 51.
Temperatur 28°. 44 Hauptwellen pro Sekunde.

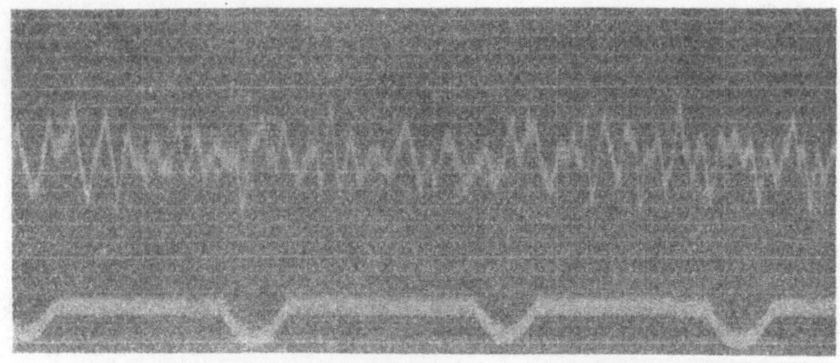

Abb. 52.
Temperatur 32°. 50—52 Hauptwellen pro Sekunde.

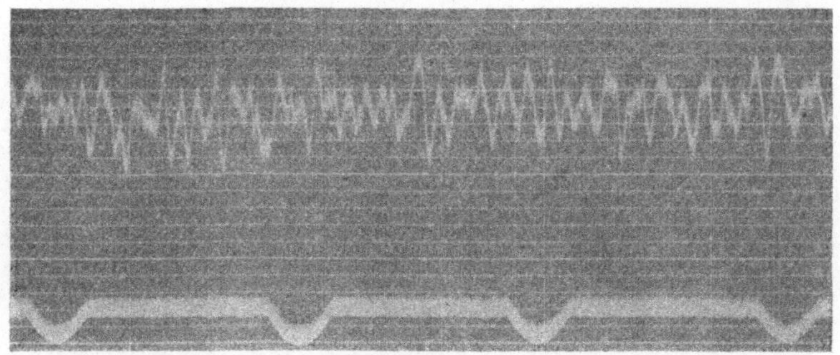

Abb. 53.
Temperatur 36°. 55—58 Hauptwellen pro Sekunde.

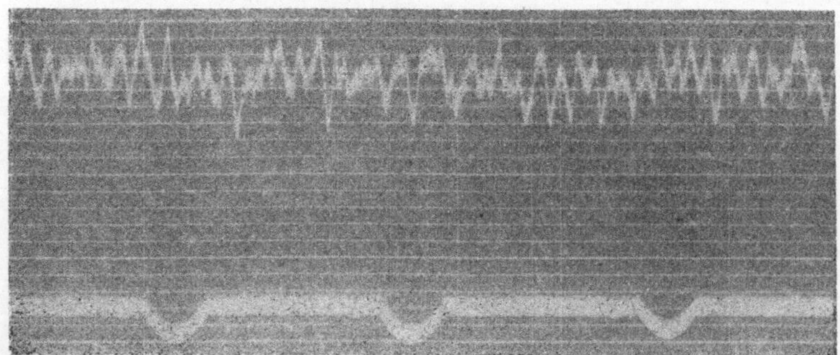

Abb. 54.
Temperatur 40°. 62—65 Hauptwellen pro Sekunde.

wenig über 4° ein und man zählt dann 11—12 Hauptwellen pro Sekunde aus. Die ganz einfachen doppelphasischen Stromwellen von großer Amplitüde erscheinen nicht mehr, und ebenso bleiben die Pausen zwischen den einzelnen Stromwellen aus. Die Wellen sind lang gedehnt, von mäßiger Amplitüde und haben vielfache und von einer Welle zur anderen sehr variabel angeordnete superponierte Zacken. Das ist das Kurvenbild einer zwar trägen, aber ziemlich regelmäßigen Innervationsrhythmik und Muskelfunktion. Bei den meisten Tieren tritt eine solche regelmäßige Rhythmik erst bei einer Eigentemperatur von etwa 10° auf.

Bei langsam zunehmender gleichmäßiger Durchwärmung des Versuchstieres erhält man dann von den natürlich innervierten Retraktoren regelmäßige Stromrhythmen, deren Oszillationsfrequenz mit der Temperatur gleichmäßig ansteigt. Die folgende Tabelle zeigt dies auf das deutlichste, man sieht hier,

Temperatur in Grad C	Zahl der Aktionsstromwellen pro Sekunde
4	11—22
7	15
12	19—20
14,5	23—25
15,5	25
18	29
20	32—33
22	35
24	38
26	40—41
28	44
30	47
32	51
34	54
36	56
40	62

daß fast regelmäßig die Oszillationsfrequenz pro Sekunde in arithmetischer Reihe zunimmt, wenn die Temperatur um gleiche Beträge ansteigt. Trägt man in ein System rechtwinkliger Koordinaten auf der Abszissenachse die Temperaturen, als Ordinaten die Oszillationsfrequenz des Muskels pro Sekunde ein, so sieht man ohne weiteres, daß die Zahl der Aktionsstromwellen, d. h. der über dem Muskel pro Sekunde ablaufenden Kontraktionswellen einfach proportional der Temperatur variiert. Da die Frequenz der Kontraktionswellen direkt durch die Zahl der vom Nervensystem dem Muskel zugehenden Innervationsimpulse bestimmt ist, so muß auch die Innervationsrhythmik in direkter Proportionalität zur Temperatur variieren (Abb. 55). Zählt man

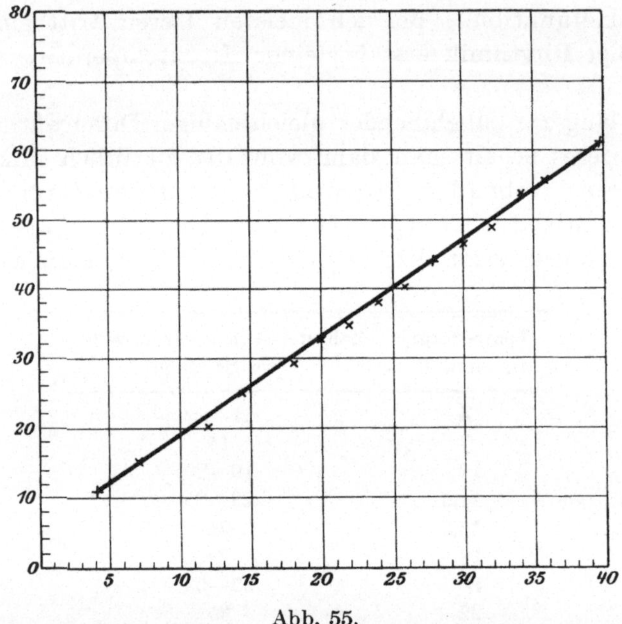

Abb. 55.

Aktionsstromfrequenzen der Retraktoren der Schildkröte als Funktion der Eigentemperatur des Versuchstieres in ein System rechtwinkliger Koordinaten eingetragen. Auf der Abszissenachse sind die Temperaturen, als Ordinate die Oszillationsfrequenzen des Aktionsstromes pro Sekunde eingetragen.

die Temperatur nicht von 0° an, sondern von dem Punkte, wo die geradlinige Verlängerung der Rhythmenkurve die Abszissenachse schneiden würde, so ergibt sich, daß der Quotient Oszillationsfrequenz : Temperatur eine konstante Größe ist.

Die funktionellen Veränderungen, welche der Innervationsapparat mit steigender Temperatur erfährt, bestehen demnach darin, daß das Nervensystem dem Muskel proportional zur Temperaturzunahme eine wachsende Zahl von Innervationsimpulsen zuströmen läßt, und daß der Muskel gleichfalls proportional der Temperaturzunahme die Geschwindigkeit erhöht, mit der er die Kontraktionswelle leitet. Das letztere ergibt sich aus der Tatsache, daß im Kurvenzug der Aktionsstromwellen mit der Erhöhung der Oszillationsfrequenz eine Abnahme der Länge jeder Hauptwelle einhergehen muß. Da bei gleichmäßiger Durchwärmung des ganzen Tieres Muskel- und Nervensystem an den Zustandsänderungen in gleicher Weise beteiligt sind, so muß sich auch deren Einfluß an den Funktionen beider Organsysteme geltend machen. Normalerweise sind die Organsysteme derart aufeinander in zweckmäßiger Weise abgestimmt, daß die Fortpflanzungsgeschwindigkeit der Kontraktionswelle im Muskel bei bestimmter Frequenz der Innervationsimpulse einen solchen Wert hat, daß die Ablaufdauer einer Welle annähernd die Pause zwischen je zwei aufeinanderfolgenden Innervationsimpulsen ausfüllt, und daß vom nervösen Äquator eine neue Welle durch eine neu eintreffende Innervationssalve in dem Augenblick oder nur wenig später zum Ablauf ausgelöst wird, in welchem die vorhergehende am Muskelende erloschen ist. Dieses Verhältnis bleibt bei Abänderung der Temperatur des ganzen Tieres bestehen, indem bei Abnahme der Frequenz der Innervationsimpulse auch die Fortpflanzungsgeschwindigkeit der Kontraktionswelle entsprechend sinkt. Es wäre zu wünschen, daß an beiden Organsystemen die Temperaturänderungen getrennt ausgeführt würden, daß also etwa das Zentralnervensystem für sich abgekühlt und angewärmt würde. Dann müßte die Abstimmung von Nervenzentrum und Muskel natürlich gestört werden, und es wäre zu erwarten, daß die Innervationsimpulse mit abgeänderter Frequenz zum Muskel strömen, daß aber die Fortpflanzungsgeschwindigkeit der Kontraktionswelle im Muskel ungeändert bleibt.

In diesen Untersuchungen an der Schildkröte erscheinen die folgenden Beziehungen zu den Befunden am Menschen und am Warmblüter in hohem Grade bedeutsam. Die Lebensfähigkeit der Poikilothermen hört auf bei Temperaturen, die auch für den Warmblüterorganismus die Grenzen des Zulässigen bilden, nämlich bei wenig über 41°. Eine noch auffälligere Beziehung aber ist die folgende: Bei etwa 37° hat das Nervmuskelsystem der Schildkröte dieselbe Oszillationszahl, etwa 56 pro Sekunde, die bei der gleichen Temperatur für den

Menschen und den Warmblüter die Norm ist. Bei letzterem fanden sich ja in bezug auf die Unterarmflexoren individuelle Variationen zwischen 47 und 58 pro Sekunde. Hier drängt sich die Vermutung auf, daß auch beim Warmblüter der 50er Rhythmus eine Temperaturfunktion ist. Die Tatsache aber, daß der Innervationsapparat und Muskel bei Warm- und Kaltblütern bei gleicher Temperatur auch in gleich frequentem Rhythmus oszilliert, weist mit großer Wahrscheinlichkeit auf eine Gesetzmäßigkeit hin, die beide Organisationen umfaßt.

X. Künstliche Tetani.

1. Verschiedene Reizfrequenzen.

Es gelingt leicht, tierische oder menschliche Muskeln durch Reizung des motorischen Nerven mit Stromstößen verschiedener Frequenz zu tetanischer Kontraktion zu bringen. Es sind vielfach Versuche gemacht worden, festzustellen, bis zu welcher Reizzahl der Muskel noch mit gleichfrequenten Zustandsoszillationen zu folgen vermag. So konnte z. B. Helmholtz[1]) bei Reizung des Nervus medianus in den menschlichen Unterarmflexoren einen Ton von 240 Schwingungen hören, wenn die Reizfrequenz ebenso hoch gewählt wurde. Bernstein[2]) konnte in den Unterschenkelmuskeln des Kaninchens noch bei 933 Reizen pro Sekunde den gleichen Ton mit dem Stethoskop wahrnehmen. Bei Reizzahlen über 1000 hörte Bernstein Muskeltöne, die eine Oktave oder Quinte tiefer waren als der Schwingungszahl des Reizes entsprach. Lovén[3]) kam bei direkter Auskultation des Muskels bis höchstens zu 704 Schwingungen bei gleicher Reizfrequenz. Leitete er aber die Aktionsströme des Muskels zum Telephon ab, so war der gehörte Ton nur bis zu 263 Schwingungen der Reizfrequenz gleich. Zu ähnlichen Zahlen kam Stern[4]). Wedensky[5]) dagegen fand, daß der Froschmuskel bis zu 200 Reizen pro Sekunde und der Warmblütermuskel bis zu 1000 mit gleich-

---

[1]) Helmholtz, Wissenschaftl. Abhandl. Bd. 2, S. 929. — Verhandl. d. naturhistor.-mediz. Vereins zu Heidelberg 1866, Bd. IV., S. 88.

[2]) Bernstein, Pflügers Arch. Bd. 11, S. 191.

[3]) Lovén, Arch. f. Physiologie 1883, S. 363, Arch. f. Physiologie 1881.

[4]) Stern, Studien über den Muskelton bei Reizung verschiedener Anteile des Nervensystems. Pflügers Arch. Bd. 83, S. 34.

[5]) Wedensky, Arch. f. Physiologie 1883, S. 316, und Arch. de Physiol. normale et pathol. t. 3. 1891.

frequenten Zustandsoszillationen nach Maßgabe der telephonisch ermittelten Aktionsstromrhythmen zu folgen vermochte. Buchanan[1]) registrierte die Aktionsströme von Froschmuskeln direkt mit Hilfe des Kapillarelektrometers und fand, daß bis zu 100 Reizen jeder einzelne, bis 270 jeder zweite oder dritte, bei 340 jeder vierte, bei 420 jeder fünfte und bei 460 jeder sechste Reiz einen Aktionsstromstoß bewirkte. Bei höheren Reizfrequenzen ließ sich eine einfache zahlenmäßige Beziehung zwischen Aktionsstromoszillationen und Reizfrequenz nicht mehr finden. Garten[2]) verglich die Aktionsströme, die bei Reizung des motorischen Warmblüternerven mit konstanten Strömen und mit hochfrequenten Wechselströmen (2000 pro Sekunde) erhalten wurden und fand beide gleich. Dasselbe fand sich auch bei menschlichen Muskeln, und zwar betrug hier die Dauer jeder einzelnen Stromschwankung 0,004—0,006 Sekunden, beim Kaninchen 0,0025 bis 0,0055 Sekunden. Beim Froschmuskel fanden Dittler und Tichomirow[3]) und später Wlotzka[4]), daß bei Reizung mit hochfrequenten Wechselströmen, wie bei Reizung mit konstanten Strömen der Muskelrhythmus etwa 100 pro Sekunde beträgt.

Hoffmann[5]) hat auf meinen Wunsch untersucht, bis zu welcher Frequenz die menschlichen Muskeln der auf den motorischen Nerven applizierten Reizfrequenz noch zu folgen vermögen. Die Ableitung der Aktionsströme von den Unterarmflexoren geschah in der bereits öfters erwähnten Weise. Der Nervus medianus oder ulnaris wurde nahe der Achselhöhle mit Wechselströmen verschiedener Frequenz gereizt. Von der sekundären Rolle eines Induktoriums wurde die eine Reizelektrode als breite Fläche auf die Rückenhaut gesetzt, die andere knopfförmige Elektrode wurde an den Reizpunkt des Nerven angesetzt. Als Unterbrecher diente für die Frequenzen zwischen 25 und 270 pro Sekunde eine Bernsteinsche Federlamelle, deren Länge beliebig eingestellt werden konnte. Diese funktioniert nach dem Prinzip des Wagnerschen Hammers oder der elektromagnetischen Stimmgabel und die Unterbrechungen werden durch

[1]) Buchanan, Journ. of Physiology Bd. 27.
[2]) Garten, Zeitschr. f. Biologie Bd. 52, S. 534.
[3]) Dittler und Tichomirow, Pflügers Arch. 1908, Bd. 105, S. 111.
[4]) Wlotzka, Zeitschr. f. Biologie Bd. 53, S. 12.
[5]) Hoffmann, Rubner's Archiv für Physiologie 1909.

Eintauchen eines Platinstiftes in Quecksilber unter 70%igem Alkohol bewirkt. Die Reize wurden bis zu Frequenzen von 270 pro Sekunde durch ein Pfeilsches Signal mitregistriert. Für höhere Frequenzen reichte dieser Unterbrecher nicht aus; für diese wurde ein Rad von 10 cm Durchmesser verwendet, auf dessen Peripherie 20 Kupfersegmente mit solchen von Holz abwechselten. Die Stromzuleitung geschah durch die Achse des Rades und die Ableitung durch eine starke Schleiffeder, die an die Peripherie des Rades fest angedrückt war. Das Rad wurde durch einen kräftigen Elektromotor in Rotation versetzt und man konnte auf diese Weise leicht bis zu 1000 Unterbrechungen pro Sekunde kommen, ohne damit die Grenze des Möglichen erreicht zu haben. Wenn man sich überzeugen wollte, ob tatsächlich mit diesem Rad die gewünschte oder berechnete Zahl von Stromunterbrechungen bewirkt wurde, so wurden die in der sekundären Rolle induzierten Wechselströme durch das Saitengalvanometer geleitet und photographisch registriert. Man konnte so einerseits eine sehr genaue Feststellung der Reizzahlen gewinnen und sich andererseits dabei von der außerordentlichen Leistungsfähigkeit des Saitengalvanometers überzeugen. Das Instrument folgt 1000 Stromwechseln pro Sekunde mit größter Sicherheit und man hätte noch zu beträchtlich höheren Zahlen gehen können, ohne daß das Saitengalvanometer die Reaktion versagt hätte.

Die Aktionsströme der menschlichen Muskeln zeigen bei verschiedener Reizfrequenz ein ziemlich verschiedenes Verhalten und man kann sie hiernach in vier Gruppen teilen. Die erste Art erhält man bei Reizfrequenzen bis zu etwa 50 pro Sekunde. Die Kurven der Aktionsstromoszillationen sind dadurch charakterisiert, daß auf jeden Reiz ein einfach verlaufender doppelphasischer Aktionsstrom registriert wird, und daß zwischen diesen einzelnen Stromwellen Pausen eingeschaltet sind, daß also die Galvanometersaite sich in die Ruhelage zurück begibt (Abb. 56). Die Länge jeder einzelnen doppelphasischen Welle ist etwa $^1/_{50}$ Sekunde. Die zweite Gruppe von Kurven umfaßt die Aktionsströme, die man bei Reizfrequenzen zwischen 50 und 150 pro Sekunde erhält. In diesem Intervall folgen die Aktionsströme der Reizfrequenz und die einzelnen aufeinanderfolgenden Stromwellen sind mit großer Annäherung einander kongruent, so daß eine sehr regelmäßige Reihe von Oszillationen registriert wird (Abb. 57). Bei Reizfrequenzen zwischen 150 und 300 pro Sekunde erhält man die dritte Gruppe von Aktionsstromkurven; hier folgt zwar der Muskel noch in der Regel wenigstens und namentlich im Beginn der Kontraktion den Reizen mit gleich vielen Aktionsströmen aber die einzelnen Wellen wechseln stark an Amplitüde und Form, und häufig sind die kleinen, der Reizfrequenz entsprechenden Zacken größeren unregelmäßigen Wellen superponiert. Häufig kommt es hier

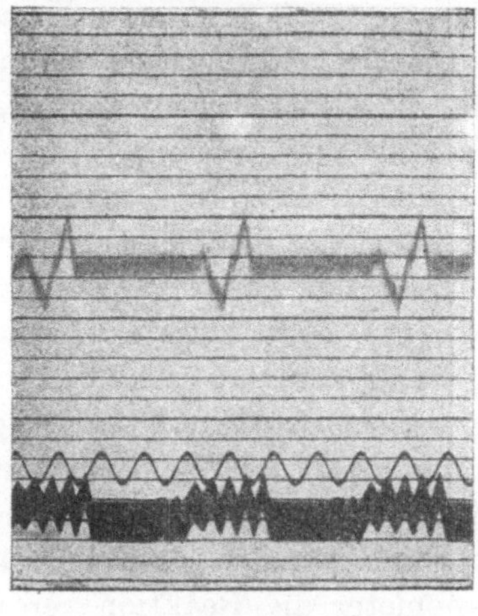

Abb. 56.

Aktionsströme der Unterarmflexoren bei Reizung des Nervus ulnaris mit 25 Induktionsschlägen pro Sekunde. Doppelphasische Ströme, durch wellenfreie Intervalle getrennt. Stimmgabel von 100 Schwingungen pro Sekunde. Unten Reizschreibung durch Pfeilsches Signal. (Nach Hoffmann.)

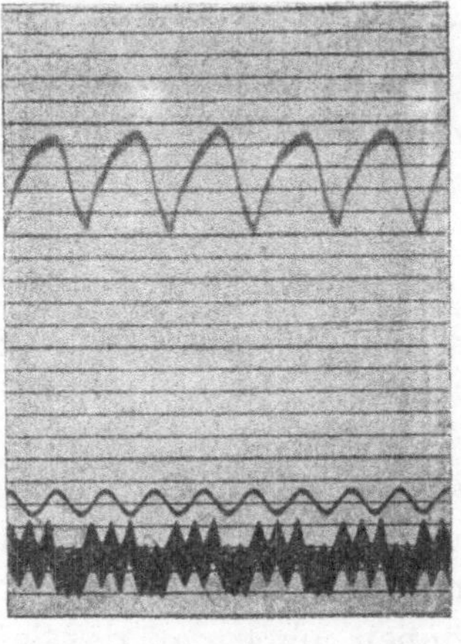

Abb. 57.

Dasselbe wie Abb. 56. Reizfrequenz 58 pro Sekunde. Die wellenfreien Intervalle sind weggefallen. Die kontinuierlich aufeinander folgenden Stromwellen sind kongruent. (Nach Hoffmann.)

schon vor, daß die auszählbaren Wellen nicht mehr den Reizen vollkommen entsprechen und solche Störung kann im Verlauf einer sonst normalen Kurve auftreten (Abb. 58). Das kommt besonders häufig vor nach länger dauernder Reizung und wenn die Reizfrequenz über 200 pro Sekunde beträgt. Die vierte Art von Stromkurven erhält man bei Reizfrequenzen über 300 pro Sekunde. Man erhält Stromoszillationen, deren Länge und Amplitüde stark variiert und deren Frequenz um 250 pro Sekunde beträgt, aber in beträchtlichem Umfang wechselt (Abb. 59). Diese Kurven erhält man in gleicher Beschaffenheit auch dann, wenn man die Reizfrequenz bis zu 720 und erheblich höher steigert und sie sehen ganz ähnlich den weiterhin noch zu besprechenden Stromkurven aus, die bei Reizung des Nerven mit dem konstanten Strom erhalten werden. Die Wellenzahl ist in diesem Falle weder durch die Zahl der Reize direkt bestimmt, noch steht sie in einem einfachen Zahlenverhältnis zur Reizfrequenz.

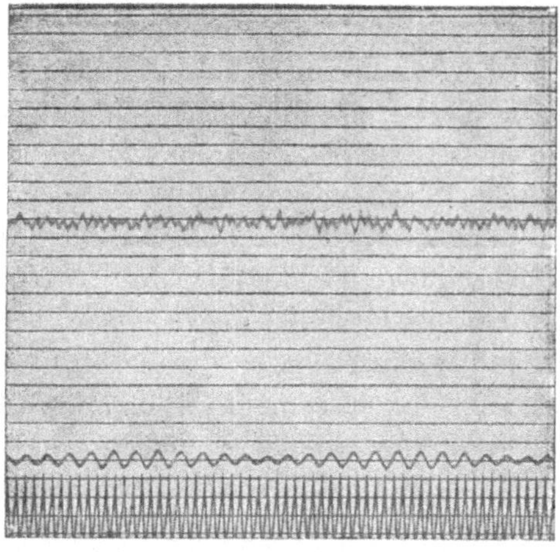

Abb. 58.
Dasselbe wie Abb. 56 u. 57. Reizfrequenz 240 pro Sekunde. Gleichfrequente Aktionsstromwellen, die jedoch nicht alle untereinander gleich sind, sondern Unregelmäßigkeiten aufweisen. (Nach Hoffmann).

Die Versuche, in denen verschiedene Reizfrequenzen auf den motorischen Nerven zur Wirkung gebracht wurden, haben durch ihre Beziehung zu den Ergebnissen, welche die Analyse der Willkürkontraktion gebracht hat, hervorragendes Interesse. Die einzige Art, wie der für die Willkürkontraktion typische[1]) 50er Rhythmus der Nerven- und Muskeltätigkeit künstlich nachgeahmt werden kann, ist die, daß man 50 Reize pro Sekunde auf den motorischen Nerven einwirken läßt. In diesem Fall tritt das reizgebende Induktorium an die Stelle der Ganglienzelle. Durch keine andere Methode der

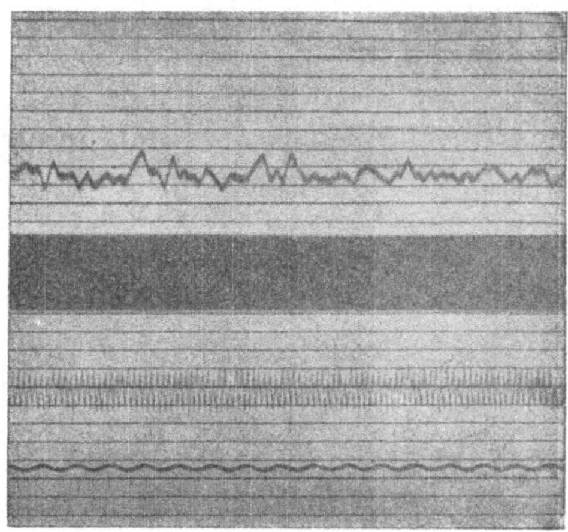

Abb. 59.
Reizfrequenz 600 pro Sekunde. Die Aktionsstromoszillationen sind von geringerer und inkonstanter Frequenz pro Zeiteinheit und wechseln regellos Amplitüde, Wellenlänge und Ablaufform. (Nach Hoffmann.)

[1]) Piper, Über die Rhythmik der Innervationsimpulse usw. Zeitschr. f. Biologie Bd. 53, S. 154.

Reizung gelingt es, den 50er Rhythmus der natürlichen Muskeltätigkeit nachzuahmen, und gerade deshalb muß man notwendig schließen, daß dem Muskel bei der natürlichen Kontraktion vom Zentralnervensystem in gleicher Weise wie bei künstlicher Reizung von entsprechender Frequenz 50 Innervationsimpulse pro Sekunde zugeschickt werden. Daß übrigens auch der Muskel auf diese Reizzahl vorwiegend abgestimmt ist, geht auch daraus hervor, daß 50 Reize pro Sekunde eine Kontraktion von maximaler Kraft hervorzurufen vermag und daß in dieser Beziehung die höheren Reizfrequenzen zurückstehen. Ferner vermag der menschliche Muskel bei der 50er Reizfrequenz am längsten und ohne schmerzhafte Sensationen in gleichmäßigem Kontraktionszustand zu verharren, während bei anderen Arten der Reizung eine ziemlich schnelle Ermüdung Platz greift und zugleich ein sehr unangenehmes Schmerzgefühl im Muskel sich einstellt.

Auch neuere im Berliner physiologischen Institut angestellte Versuche von Hoffmann[1]) fallen zugunsten der Auffassung ins Gewicht, daß der 50er Rhythmus der Innervation den nervösen Zentren imprägniert ist. Hoffmann leitete die Aktionsströme vom freigelegten Musculus sartorius beim Hunde ab und erzeugte tetanische Kontraktionen, indem er den motorischen Fokus dieses Muskels in der Großhirnrinde mit verschiedenen Frequenzen von Induktionsschlägen reizte. Es zeigte sich, daß bei niedrigen Reizfrequenzen (15—25 pro Sekunde) das nervöse Zentrum die Neigung hat, den Reizrhythmus in einen Eigenrhythmus von etwa 50 Innervationsimpulsen zu transformieren, so daß diese Wellenzahl am muskulären Aktionsstrom auftritt. Die stetigste Kontraktion und eine sehr regelmäßige Folge von Aktionsstromwellen in der Frequenz der Reizung wurde bei Applizierung von 40—60 Induktionsschlägen auf das Zentrum der Großhirnrinde erhalten. Bei höheren Reizfrequenzen wurden sehr unregelmäßige Stromwellen vom Muskel abgeleitet, die der Reizzahl nicht parallel gehen und die ähnliche Störungen aufweisen, wie sie oben für die Ermüdung beschrieben wurden.

Aus allen diesen Darlegungen geht zugleich hervor, daß die Annahmen von Wedensky[2]) bezüglich der natürlichen Inner-

[1]) Hoffmann, Über die Innervation des Muskels bei Großhirnreizung. Arch. f. Physiologie 1910.

[2]) Wedensky, Arch. f. Physiologie 1883, S. 316 und Arch. de Physiol. norm. et pathol. III, 1891.

vation nicht richtig sein können; dieser Forscher schloß ja aus seinen Telephonversuchen, daß das Zentralnervensystem dem Muskel sehr hochfrequente Erregungsoszillationen durch den motorischen Nerven zusendet, daß aber der Muskel diesen Nervenrhythmus in seinen eigenen, viel niedriger liegenden transformiert. Nun läßt sich aber mit Hilfe der Registrierung der Aktionsströme leicht zeigen, daß die Reizung des motorischen Nerven mit hochfrequenten Stromstößen (400 bis über 1000) durchaus keine künstliche Nachahmung der natürlich innervierten Kontraktion ergibt, vielmehr ist der Kontraktionszustand des Muskels unter diesen Reizbedingungen nach Ausweis der Aktionsströme ein ganz anderer als bei der natürlich innervierten Kontraktion. Der für letztere typische 50er Rhythmus fehlt und man erhält nur ziemlich frequente kleine Aktionsstromwellen von kleiner Amplitüde, ziemlich variabler Wellenlänge und inkonstanter Zahl pro Zeiteinheit. Auch Garten[1]) glaubte seinen Stromkurven entnehmen zu können, daß man bei Reizung des Nerven mit hochfrequenten Stromstößen (etwa 1000—2000 pro Sekunde) dieselben Muskelrhythmen erhielte, wie bei natürlich innervierten Kontraktionen und er schließt daraus, daß die Beobachtung der Muskelrhythmen keine Schlüsse zulasse auf die Art und Weise, wie das Zentralnervensystem die Innervation besorgt. Die Richtigkeit dieser Angaben muß ich bestreiten[2]) und habe bereits längere Zeit vor Gartens Versuchen gefunden, daß man bei Reizung mit dem konstanten Strom ganz andere Muskelrhythmen registriert als bei Willkürkontraktion. Namentlich vermißt man, wie gesagt, den für die natürliche Kontraktion typischen 50er Rhythmus.

Aus dem Gipfelabstand und aus der Wellenlänge eines doppelphasischen Aktionsstromes kann man, wie oben geschehen, die Fortpflanzungsgeschwindigkeit der Kontraktionswelle im Muskel mit einer gewissen Annäherung berechnen. In den menschlich Flexoren betrug die Wellenlänge $^1/_{50}$ Sekunde. Dies ist die Ablaufdauer der Kontraktionswelle. Wenn man nun mit bis zu 50 Reizen pro Sekunde den Nerven reizt, so bleibt die Wellenlänge jedes doppelphasischen Stromes $^1/_{50}$ Sekunde und die Kontraktionswelle läuft durch den Muskel mit derselben Geschwindigkeit, die sie bei Einzelreizung hat. Erhöht man aber die Reizfrequenz,

[1]) Garten, Zeitschr. f. Biologie Bd. 52, S. 534.

[2]) Piper, Zeitschr. f. Biologie Bd. 50, S. 416 und Bd. 53, S. 148.

so gehen die doppelphasischen Ströme, die man bei 50 oder weniger Reizen pro Sekunde beobachtet hat, kontinuierlich in Wellen über von geringerer Länge und geringerem Gipfelabstand. Dies scheint darauf hinzuweisen, daß unter dem Einfluß des fortwährenden Nachdringens neuer Kontraktionswellen die Ablaufgeschwindigkeit erhöht wird. Nur so ist es zu verstehen, daß noch bei 100 oder 150 oder noch höheren Zahlen von Reizen pro Sekunde immerfort doppelphasische Stromwellen zur Ableitung kommen. Würde die Fortpflanzungsgeschwindigkeit sich nicht abändern bei hohen Reizfrequenzen, so müßte man annehmen, daß etwa bei 150 Reizen pro Sekunde immer gleichzeitig drei Kontraktionswellen auf der ganzen Faserlänge des Muskel im Ablauf begriffen sind. Wäre dies der Fall, so könnte aber unmöglich eine Folge von doppelphasischen Aktionsströmen, und zwar die gleiche Zahl, wie die der Reize, abgeleitet werden, denn die von den drei Wellen verursachten Stromschwankungen müßten im Ableitungsstrom miteinander interferieren und sich gegenseitig aufheben, so daß entweder gar nichts oder doch nur mehrphasische unregelmäßige Stromoszillationen zur Beobachtung kommen könnten. Dies alles ist nicht der Fall, vielmehr behalten die abgeleiteten Stromwellen die Frequenz bei, mit der gereizt worden war, und es findet bei stetiger Zunahme der Reizfrequenz ein ganz kontinuierlicher Übergang von den sicher doppelphasischen Stromwellen, die man bei niedriger Reizfrequenz erhält, zu denjenigen statt, die man in kontinuierlicher Folge aneinandergereiht bei höherer Reizfrequenz (etwa 150 pro Sekunde) beobachtet. Es scheint mir also aus diesen Versuchen als wahrscheinliche Folgerung zu entnehmen zu sein, daß die Kontraktionswellen bei zunehmender Reizfrequenz ihre Ablaufgeschwindigkeit beschleunigen.

So viel scheint mir sicher, daß eine Übereinstimmung der abgeleiteten Stromwellenzahl mit der Zahl der Reize **nur dann möglich ist, wenn jede Stromwelle dem Ablauf einer Kontraktionswelle entspricht und wenn in jedem gegebenen Zeitteilchen nur eine Kontraktionswelle auf dem Muskel im Ablauf begriffen ist**, und daß die folgende immer erst dann ihren Ablauf beginnen oder vielmehr in die Ableitungsstrecke eintreten kann, wenn die vorhergehende daraus verschwunden oder erloschen ist; wäre dies nicht der Fall, so könnte unmöglich als elektrisches Äquivalent des Ablaufs der Kontraktionswelle eine Reihe von doppelphasischen Strömen im Ableitungsstrom zum Vorschein kommen, sondern es müßten die Ströme der einzelnen Wellen sich durch Interferenz ganz beträchtlich stören. Es bleibt übrigens möglich, wenn auch nicht gerade wahrscheinlich, daß die Kontraktionswellen bei frequenter Reizung (100 oder mehr pro Sekunde) entweder während ihres Ablaufes schnell an Intensität verlieren oder sogar unterwegs erlöschen, ohne das Ende der Muskelfasern zu erreichen. Dann mußte die zweite Phase jeder Stromwelle entweder sehr klein ausfallen oder vollständig fehlen. So könnte die Frequenz der Aktionsstromwellen gleich der Reizzahl bleiben, ohne daß eine erhöhte Fortpflanzungsgeschwindigkeit anzunehmen wäre. Mir scheint dies alles nicht recht begründet; es müßte dann doch der Muskel in der Zone des nervösen Äquators stark kontrahiert sein, an seinen Enden aber nicht. Solche Kontraktionswulste sieht man aber bei frequenter Reizung nie.

Störungen durch phasenverschiedene Interferenz der Fibrillenströme scheinen tatsächlich einzutreten, wenn man mit Frequenzen von mehr als 300 pro Sekunde reizt. Die dann auftretende unregelmäßige Folge kleiner Aktionsstromoszillationen scheint darauf hinzuweisen, daß die Kontraktionswellen der einzelnen Muskelfasern nicht mehr als Schwarm zusammengehalten durch den ganzen Muskel hinlaufen. Sie dürften vielmehr in jedem bestimmt gegebenen Zeitteilchen über die ganze Muskellänge mehr oder weniger verteilt sein, so daß die doppelphasischen Ströme, die jeder fibrillären Kontraktionswelle entsprechen würden, im Ableitungsstromkreis mit beträchtlichen Phasenunterschieden interferieren und sich zu den tatsächlich beobachteten Strömen zusammenfügen. Möglich ist auch, daß die frequenten kleinen Stromwellen, die man unter diesen Verhältnissen beobachtet, den Eigenrhythmus von Nerv- und Muskelsubstanz wiedergeben. Mir erscheint allerdings wahrscheinlicher, daß in diesem Falle Schlüsse auf die Schwingungsfrequenz in dem einzelnen Muskelelement nicht zulässig sind und daß die Deutung der abgeleiteten Stromkurven unter Anwendung des Interferenzprinzips die richtigere ist.

2. Konstanter Strom.

Man hat durch weitere Reizmethoden versucht, die natürlich innervierte Muskelkontraktion künstlich nachzuahmen und auf diese Weise Einblicke zu gewinnen in die Art, wie das Zentralnervensystem die Muskelkontraktion veranlaßt. Man kann z. B. einen tetanischen Kontraktionszustand des Muskels durch Reizung mit dem konstanten Strom erzeugen, wenn man die Kathode als differente Elektrode auf den motorischen Nerven ansetzt und hinlänglich starke Ströme anwendet[1]). Für die Reizung der menschlichen Unterarmflexoren sind Stromspannungen von 20—40 Volt erforderlich. Wenn man dabei die Aktionsströme des Muskels ableitet, so sieht man, daß bei Beginn der Reizung, also im Augenblick des Stromschlusses, zunächst eine doppelphasische Stromschwankung auftritt, die etwa $^1/_{50}$ Sekunde Dauer hat und vollständig dem doppelphasischen Aktionsstrom einer Einzelzuckung äquivalent ist (Abb. 61). Es läuft also im Beginn dieser Muskelreaktion ein typischer, dicht zusammengehaltener Schwarm von Kontraktionswellen durch den Muskel hin. Auf diese Anfangsreaktion folgen sehr frequente Stromwellen von kleiner Amplitüde, variabler Länge und inkonstanter Zahl pro Zeiteinheit. Dies ist ein Verhalten, das sehr annähernd mit dem übereinstimmt, welches bei Reizung des Nerven mit hochfrequenten Stromstößen beobachtet wurde. Dieser Kathodenschließungstetanus ist also ebensowenig wie derjenige, der bei Reizung mit hochfrequenten Strömen sich einstellt, eine Nachahmung der natürlichen Kontraktion. Es fehlt der für letztere typische 50er Rhythmus, und wenn man die Stromwellen, die man unter beiderlei Bedingungen registriert hat, miteinander vergleicht, so wird man ohne weiteres konstatieren, daß beide nichts miteinander gemeinsam haben, als daß sie eben beide Oszillationen aufweisen; im übrigen aber sind sie total verschieden in Wellenlänge, Wellenzahl und der ganzen Art der Rhythmik. Der Kathodenschließungstetanus hat demnach eine wesentlich andere Konstitution als der willkürlich innervierte.

Die Unterschiede lassen sich woh in folgender Weise deuten:

[1]) H. Piper, Zur Kenntnis der tetanischen Muskelkontraktionen. Zeitschr. f. Biologie Bd. 52, S. 36. — Über die Rhythmik der Innervationsimpulse usw. Ebenda Bd. 53, S. 140.

bei der willkürlichen Kontraktion und bei der Tetanisierung mit geringen Reizfrequenzen zeigen die Kurven alle Merkmale von annähernd phasengleicher Interferenz der fibrillären Aktionsströme. Der Ableitungsstrom zeigt eine konstante Zahl von Stromwellen pro Zeiteinheit, und da diese beim elektrisch erzeugten Tetanus mit der Zahl der auf den Nerven applizierten Reize übereinstimmt, so wird man bei der Willkürkontraktion ebenfalls annehmen, daß

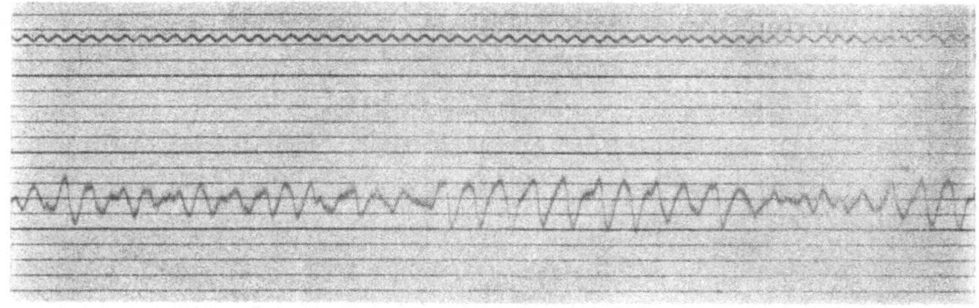

Abb. 60.
Aktionsströme der Unterarmflexoren bei Willkürkontraktion. 50ige Rhythmus. Zeitschreibung, Stimmgabel von 100 Schwingungen pro Sekunde.

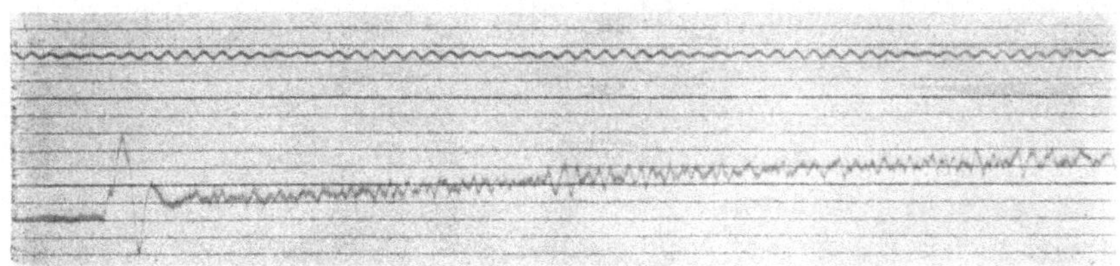

Abb. 61.
Aktionsströme der Unterarmreflexoren bei Reizung des Nervus ulnaris mit einem konstanten Strom von 40 Volt Spannung (Kathodenschließungstetanus). Zuerst als Anfangsreaktion auf den Stromschluß ein typischer doppelphasischer Aktionsstrom; darauf folgend sehr frequente kleine Stromwellen von inkonstanter Zahl pro Zeiteinheit, wechselnder Amplitude, Länge und Ablaufform.

die Zahl der muskulären Stromwellen direkt bestimmt ist durch die Zahl der Innervationsimpulse, zumal da jede einzelne Stromwelle einer solchen äquivalent ist, die man auf einen einzelnen, dem Muskel zufließenden Innervationsimpuls erhält. Im Gegensatz hierzu bieten die Kurven bei der Reizung mit dem konstanten Strom alle diejenigen Merkmale, die bei phasen-verschiedener Interferenz der fibrillären Ströme im Ableitungsstromkreis zu erwarten sind. Der Ableitungsstrom verläuft in zahlreichen Wellen von kleiner Amplitüde und variabler Wellenlänge. Es dürften also in diesem

Falle die fibrillären Kontraktionswellen nicht wie bei der Willkürkontraktion als zusammengehaltener Schwarm durch den Muskel hinlaufen und nicht im ganzen Muskel wohlabgegrenzte Kontraktionswellen bilden. Sie dürften vielmehr in jedem gegebenen Zeitteilchen regellos und ungeordnet über den ganzen Muskel verteilt sein. Möglich ist auch, daß bei solch abnormen Reizungen mehrere Kontraktionswellen an verschiedenen Punkten ein und derselben Faser gleichzeitig existieren, was bei der natürlich innervierten Kontraktion allem Anschein nach nie vorkommt. Die Stromkurve, die man dann ableitet, erlaubt weder die Zahl der über jede Muskelfaser pro Zeiteinheit ablaufenden Kontraktionswellen — und auf diese kommt es an, wenn von der Rhythmik der Muskelsubstanz die Rede ist — noch die Frequenz der jeder Faser pro Zeiteinheit zuströmenden Innervationsimpulse zu erkennen.

Wenn nach dieser Auffassung vom nervösen Äquator keine geschlossenen Schwärme von Kontraktionswellen beim Kathodenschließungstetanus ausgehen, so werden auch hier keine präzis formierten Salven von Innervationsimpulsen eintreffen. Der konstante Strom dürfte also am Ort seines Eintritts in den Nerven Zustandsänderungen bewirken, die periodisch eine Grenze erreichen, bei welcher ein Umschlag erfolgt, der dann den Ablauf einer Nervenerregung mit sich bringt. Diese Umschläge erfolgen aber nicht in allen Fasern des Nerven gleichzeitig, sondern in regellosen Zeitabständen. So gelangen dann die Innervationsimpulse nicht in Form von geschlossenen Salven in den Nervenendorganen des Muskels an, sondern „pelotonfeuermäßig". Die Folge ist, daß vom nervösen Äquator die fibrillären Kontraktionswellen nicht als zusammengehaltener Schwarm durch den Muskel hinlaufen, sondern in jedem Zeitmoment über den ganzen Muskel mehr oder weniger ungleichmäßig und unregelmäßig verteilt sind. Ihre Aktionsströme interferieren dann im Ableitungsstromkreis mit verschiedenen, zum großen Teil entgegengesetzten Phasen und der resultierende Strom wird die Merkmale solcher Interferenz, d. h. zahlreiche Stromwellen von wechselnder Länge und kleiner Amplitüde aufweisen, wie es tatsächlich der Fall ist.

Auch mit Bezug auf den Kathodenschließungstetanus hat Garten[1]) ebenso wie für den durch hochfrequente Strom-

[1]) Garten, Zeitschr. f. Biologie Bd. 52, S. 534.

stöße erzeugten angegeben, er sei von dem natürlich innervierten nicht zu unterscheiden. Der Muskelrhythmus erlaube also nicht, zu erkennen, ob das Zentralnervensystem nach Analogie des konstanten Stromes oder nach irgend einer anderen Art etwa des hochfrequenten Wechselstromes arbeitet. Demgegenüber ist aber zu betonen, daß es sehr leicht ist, sich mit Hilfe der Aktionsströme von den durchgreifenden Unterschieden zwischen der Willkürkontraktion und diesen beiden Arten der künstlichen Tetanisierung zu überzeugen. Im ersten Falle erhält man den typischen 50er Rhythmus, den man im letzteren stets vermißt, dafür aber bei der Willkürkontraktion nicht in derselben Weise auftretende frequente kleine Stromwellen erhält. Die Reizung mit hochfrequenten Wechselströmen und die mit dem konstanten Strom führt zu der sicheren Erkenntnis, daß sie eine künstliche Nachahmung der Innervationsweise des Zentralnervensystems nicht sind, sondern sich ganz verschieden davon verhalten, und daß nach einem solchen Modus die natürliche Innervierung der Muskelkontraktionen sicher nicht vor sich geht.

Wendet man zur Nervenreizung schwächere konstante Ströme an, etwa von 10 Volt Spannung. so erhält man bei Kathodenschließung nicht Tetanus, sondern eine Einzelzuckung; der dabei abgeleitete Aktionsstrom des Muskels verhält sich ganz ähnlich wie derjenige, der bei Reizung des Nerven mit einem einzelnen Induktionsschlag beobachtet wird. Es ist die bekannte doppelphasische Stromschwankung und diese hat wieder eine Wellenlänge von etwa $^1/_{50}$ Sekunde Zeitwert. Das beweist, daß durch den Stromschluß eine Kontraktionswelle im Muskel vom Nerven aus ausgelöst wird und daß diese mit normaler Geschwindigkeit durch den Muskel hinläuft. Ganz ähnlich wie die Zuckung bei Kathodenschließung verhalten sich diejenigen, die bei Anodenschließung oder bei Öffnung mittelstarker oder starker Ströme sich einstellen. Durch die mit der Stromöffnung oder Schließung verbundene plötzliche Zustandsänderung des Nerven wird eine Innervationssalve vom Punkte der Reizung aus abgeschickt und veranlaßt, wenn sie am nervösen Äquator eingetroffen ist, den Ablauf einer Kontraktionswelle.

3. Über die Wirkung von Zeitreizen.

Im allgemeinen hat sich gezeigt, daß der Erregungsvorgang im Muskel, einmal in Gang gebracht, nach einer festen Norm abläuft. Man kann zwar die Intensität des Prozesses abändern, aber die Geschwindigkeit des Ablaufes ist konstant, abgesehen vielleicht von den oben besprochenen Verhältnissen bei mittelfrequenter Reizung (50—200 pro Sekunde), bei der eine Erhöhung der Ablaufgeschwindigkeit nicht unwahrscheinlich ist. Nun fand aber v. Kries[1]), daß unter der Einwirkung der von ihm so genannten Zeitreize die Zuckung eines Muskels gedehnter ausfällt, als bei Momentreizung, und zugleich ergab sich, daß auch der Aktionsstrom bei Beobachtung am Kapillar-Elektrometer eine größere Dauer aufwies. Wenn man einen konstanten Strom plötzlich schließt oder öffnet, so steigt und fällt die Stromintensität im Augenblick des Schließens oder Öffnens äußerst schnell. Man hat es also ebenso wie bei Einwirkung eines Induktionsschlages in diesem Falle mit Momentanreizen zu tun. Durch gewisse Vorrichtungen kann man aber dafür sorgen, daß der Strom nicht mit solcher Steilheit sich ändert, sondern daß er langsam anschwillt und wieder langsam absinkt. Instrumente, die eine solche Veränderung eines konstanten Stromes vorzunehmen gestatten, haben v. Kries und Fleischel angegeben und als Rheonome bezeichnet. v. Kries glaubte in derartigen Reizformen von langsamem zeitlichen Gefälle die Eigenschaften der Impulse nachgeahmt zu haben, die das Zentralnervensystem zum Muskel schickt. Er nahm dies an, weil er der Anschauung war, daß der natürliche Tetanus nur eine Schwingungsfrequenz von etwa 10 pro Sekunde habe. Durch eine so langsame Periode von Momentreizen ist ein glatter Tetanus aber überhaupt nicht zu erzielen. Die Zeitreize dagegen geben nicht nur gedehnte Zuckungen, wenn sie einzeln auf den Nerven zur Wirkung gebracht werden, sondern man kann auch mit einer beträchtlich geringeren Zahl einen glatten Tetanus zustande bringen als bei Anwendung von Momentreizen.

Die Voraussetzung, daß der physiologische Tetanus eine Oszillationsfrequenz von 10 pro Sekunde hat, ist nach den bisherigen Darlegungen nicht zutreffend. Setzt man, wie ja nach-

[1]) v. Kries, Archiv für Physiologie 1884, S. 33f.

gewiesen, die Zahl der Innervationsimpulse für den Warmblütermuskel auf etwa 50 pro Sekunde an, so leisten Momentreize ganz dasselbe wie Zeitreize, nämlich glatten Tetanus, und man hat nicht nötig, für die natürlichen Innervationsimpulse eine zeitlich gedehnte Ablaufform als typisch anzunehmen.

Hoffmann[1]) hat es auf meinen Wunsch unternommen, die Wirkung der Zeitreize auf das Nervmuskelpräparat des Froschgastroknemius von neuem unter Anwendung der Saitengalvanometrie zu prüfen. Es zeigte sich dabei, daß man bei sehr kurz dauernden Zeitreizen ganz gleiche Aktionsströme erhielt wie bei Momentreizen (Abb. 62). Wurden die Ableitungselektroden

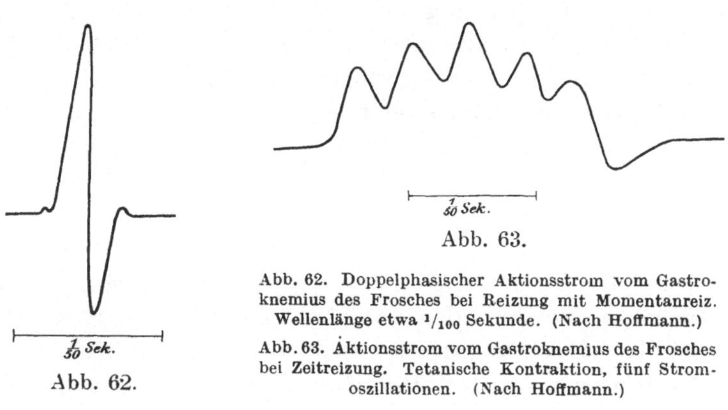

Abb. 62. Abb. 63.

Abb. 62. Doppelphasischer Aktionsstrom vom Gastroknemius des Frosches bei Reizung mit Momentanreiz. Wellenlänge etwa $^{1}/_{100}$ Sekunde. (Nach Hoffmann.)

Abb. 63. Aktionsstrom vom Gastroknemius des Frosches bei Zeitreizung. Tetanische Kontraktion, fünf Stromoszillationen. (Nach Hoffmann.)

am Muskel an den richtigen Stellen angebracht, so erhielt man in beiden Fällen einfache doppelphasische Ströme. Die mechanisch registrierte Zuckungskurve war, was ihre Dauer betrifft, in beiden Fällen gleichfalls übereinstimmend. Wurden aber Zeitreize von gedehnter Ablaufform auf den Nerven zur Einwirkung gebracht, so zeigte sich übereinstimmend mit den Angaben von v. Kries, daß der Muskel in einen länger dauernden Erregungszustand verfiel, und zwar war ohne weiteres zu bestätigen, daß bei mechanischer Registrierung des Bewegungsvorganges dieser eine längere Dauer aufwies im Vergleich zu den Zuckungen bei der Momentanreizung. Die gleichzeitige Registrierung des Aktionsstromes lehrte aber, daß es sich bei solchen zeitlich gedehnten Bewegungen nicht um Zuckungen, sondern um

[1]) Hoffmann. Über die Aktionsströme von Kontraktionen auf Zeitreiz. Rubners Archiv für Physiologie 1910, S. 247.

kurze Tetani handelte; es wurden Aktionsstromwellen registriert von 2—5 Schwingungen, deren jede ungefähr $^1/_{100}$ Sekunde Dauer hatte. Da nun dies auch ungefähr die Dauer eines vom Froschgastroknemius dargestellten doppelphasischen Aktionsstromes ist, so ist die Erregung bei Zeitreizung ungefähr auf das Fünffache verlängert und besteht in ebensovielen Zustandsoszillationen der Muskelsubstanz. v. Kries, dem das Saitengalvanometer bei seinen Versuchen noch nicht zur Verfügung stand, konnte mit dem bedeutend träger reagierenden Kapillar-Elektrometer diese schnellen Stromoszillationen nicht beobachten.

Hoffmann fand weiter in Übereinstimmung mit v. Kries, daß die ganze Ausdehnung des Aktionsstromes mit der Dauer des Stromanstiegs beim Zeitreiz zunimmt. Die einzelnen Stromwellen haben eine erheblich geringere Amplitüde als der doppelphasische Strom bei Einzelreizung aufweist. Alles dies weist darauf hin, daß wir es mit einem ähnlichen Erregungsvorgang im Muskel zu tun haben, wie beim Kathodenschließungstetanus, nur daß in letzterem Falle die Erregung noch über eine viel längere Zeit ausgedehnt wird. So viel ist jedenfalls klar, daß man durch die Zeitreizung nicht denjenigen Erregungszustand erzeugen kann, der bei der natürlich innervierten Kontraktion sich einstellt. Die Zeitreize sind also nicht eine künstliche Nachahmung der Reizform, die für die Impulse des Zentralnervensystems charakteristisch ist.

4. Strychnintetanus.

Auch der Strychnintetanus ist in enge Beziehung zu der Kontraktion gebracht worden, die unter normalen Verhältnissen das Zentralnervensystem bewirkt. Es handelt sich hier ja tatsächlich um Reflextetani. Schon ohne die modernen Hilfsmittel der Aktionsstromregistrierung haben Friedrich und Hering[1]) und ebenso Martius[2]) betont, daß der Strychnintetanus der normal innervierten Kontraktion nicht gleichzustellen sei; sie beobachteten ein eigentümliches und regelloses Durcheinanderarbeiten der einzelnen Muskelfasern und kamen zu dem Ergebnis,

[1]) Friedrich und Hering, Sitzungsber. d. Akad. d. Wissensch. zu Wien Bd. 72, Abt. III, S. 413. 1875.

[2]) Martius, Arch. f. Physiologie 1883, S. 542.

daß es sich mehr um eine Art klonischen Krampfes, als um eine stetige natürliche Kontraktion handele. Lovén[1]) registrierte mit Hilfe des Kapillar-Elektrometers zuerst die Aktionsströme vom Gastroknemius oder Triceps femoris des Frosches während des Strychninreflexkrampfes. Er fand, daß 7—10 Stromwellen pro Sekunde zur Ableitung kamen und glaubte darin eine Bestätigung für die von ihm zuerst entwickelte Anschauung zu finden, daß dies die Frequenz der natürlichen Innervationsimpulse sei. Auch v. Kries[2]) übernahm dieses Argument zugunsten

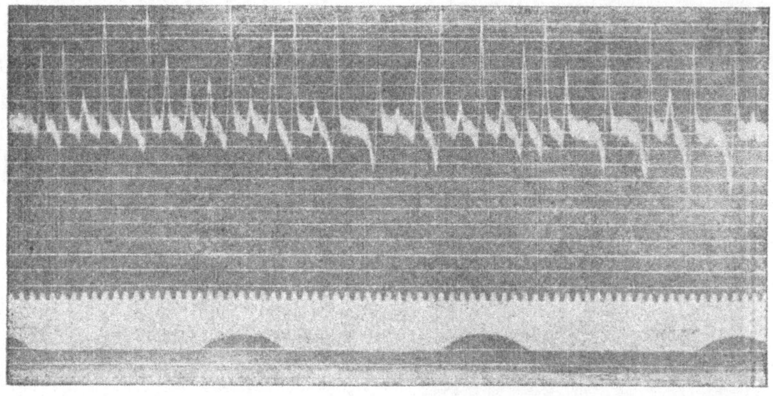

Abb. 64.
Aktionsströme vom Musc. triceps femoris des Frosches bei Reflexkontraktion, erzeugt durch Reizung des Nervus ischiadicus der gleichen Seite mit 70 Induktionsschlägen pro Sekunde. Der Muskel erhält vom Rückenmark Impulse von teils gleicher, teils geringerer Frequenz als die der elektrischen Reize. Zeitschreibung durch $^1/_5$ Sekunden-Uhr. (Nach Hoffmann.)

seiner Auffassung, daß die natürliche Kontraktion durch eine so geringe Frequenz zeitlich gedehnter Innervationsimpulse bewirkt werde.

Burdon-Sanderson[3]) und Buchanan[4]) haben von neuem mit Hilfe eines hochempfindlichen Kapillar-Elektrometers die Muskelströme während des Strychninkrampfes registriert und fanden zunächst die von Lovén und v. Kries beobachteten groben Stromschwankungen in der Frequenz von 7—10 pro Sekunde

[1]) Lovén, Mediz. Zentralbl. 1881, Nr. 7.
[2]) v. Kries, Arch. f. Physiologie 1884, S. 337, und 1886, Suppl. S. 1.
[3]) Burdon-Sanderson in Schäfers Textbook of Physiology II, Journ. of Physiology Bd. 18, S. 117, 1895, und Bd. 23, S. 325, 1898.
[4]) Buchanan, Journ. of Physiology Bd. 27, 1901.

wieder. Es konnte aber festgestellt werden, daß jeder einzelne dieser Ströme aus einer Folge sehr schnell oszillierender kleinerer Stromwellen besteht, und zwar haben diese eine Frequenz von etwa 100 pro Sekunde.

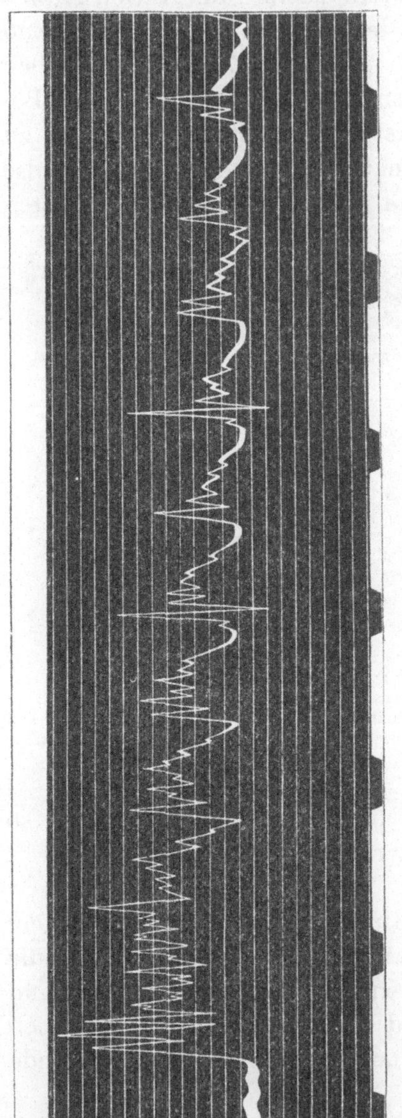

Abb. 65. Aktionsströme vom Musc. Gastroknemius des Frosches bei Strychnintetanus. Zu Anfang frequente ununterbrochen aufeinander folgende Oszillationen, dann Gruppen von Stromrhythmen, die durch Pausen voneinander getrennt sind. Man zählt etwa 8 solcher Gruppen pro Sekunde. Zeitschreibung unten 1/5 Sekunde. (Nach Hoffmann.)

Es läßt sich nun in der Tat unschwer nachweisen, daß der Kontraktionszustand des Muskels beim Strychninkrampf von ganz anderer Art ist als bei natürlicher Innervierung von seiten des unvergifteten Zentralnervensystems. In letzterem Falle beobachtet man eine Folge kontinuierlich ineinander übergehender Stromwellen und der für die Strychninvergiftung typische grobe Rhythmus von etwa 10 pro Sekunde fehlt vollständig. Man kann also den Strychninkrampf nicht dazu nutzbar machen, um in der Erkenntnis der natürlichen Innervation von Muskelkontraktionen voranzukommen. Er zeigt so erhebliche und fundamentale Abweichungen, daß man seine pathologische Natur durch einen Vergleich seiner Aktionsströme mit dem normalen ohne weiteres erkennen kann.

Eine Gegenüberstellung der Aktionsströme, die ein vom unvergifteten Zentralnervensystem bewirkter Reflextetanus gibt und derjenigen, die man beim Strychninkrampf erhält, hat auf meine Veranlassung vor kurzem Hoffmann[1]) gegeben. Reflextetani im Musc. triceps femoris des Frosches wurden erhalten, wenn entweder der Querschnitt des Halsrückenmarkes oder des Nervus ischiadicus der gleichen oder entgegengesetzten Seite gereizt wurde. Bei sehr frequenten Reizungen (etwa 100 pro Sekunde) wurden anfangs ebensoviele Aktionsstromwellen vom Muskel erhalten. Bei fortgesetzter Reizung aber fiel er in einen Rhythmus von 20—30 pro Sekunde. Bei sehr niedriger Reizfrequenz (10 pro Sekunde) wurden oft 50 Aktionsstromwellen abgeleitet. Das Zentralnervensystem ist also imstande, den Reizrhythmus in einen anderen Innervationsrhythmus zu transformieren. Die bei diesem Reflextetanus beobachteten Aktionsstromwellen sind zwar untereinander nach Amplitüde und Ablaufform verschieden, reihen sich aber in ununterbrochener Folge aneinander an. Demgegenüber ist für den Strychninkrampf charakteristisch, daß eine ganze Reihe kurzer Tetani aufeinanderfolgt, die durch vollkommene Ruhe des Muskels voneinander abgegrenzt sind, die Pausen werden um so größer, je länger der Krampf bestanden hat. In den Aktionsströmen prägt sich alles dies darin aus, daß durch Pausen getrennte Perioden von Stromwellen aufeinander folgen. Solcher Perioden werden 5—10 in der Sekunde beobachtet; die in jeder Periode enthaltenen Stromwellen wurden in Übereinstimmung mit Burdon-Sanderson und Buchanan zu etwa 100 pro Sekunde ausgezählt. Daß beide Rhythmen zentral bedingt sind, geht daraus hervor, daß man sie in gleichen Frequenzen vom Nervus ischiadicus, wie vom Muskel registrieren kann.

[1]) Hoffmann, Rubners Arch. f. Physiologie 1911, Heft 5 und 6.

XI. Schluß.

In allen hier besprochenen Versuchen konnte gezeigt werden, daß die natürliche Kontraktion der Muskeln vom Zentralnervensystem in der Weise besorgt wird, daß es beim Säuger und beim Menschen etwa 50 Impulse pro Sekunde zum Muskel schickt und daß dann durch jeden einzelnen dieser Impulse der Ablauf einer Kontraktionswelle veranlaßt wird. Den für die natürliche Innervation typischen 50er Rhythmus kann man nur dadurch nachahmen, daß man 50 Reize pro Sekunde auf den motorischen Nerven einwirken läßt und durch keine andere Art der Reizung. Diese Frequenz der natürlichen Innervationsimpulse liegt mitten in denjenigen, bei welchen der Muskel imstande ist, der Reizzahl mit gleichvielen Erregungsoszillationen zu folgen.

Außerdem kann man zeigen, daß jede der Aktionsstromwellen, die in der Frequenz von 50 pro Sekunde bei der natürlichen Kontraktion abgeleitet werden, äquivalent ist der doppelphasischen Stromwelle, die bei Einzelreizung des Nerven registriert wird und die dem Ablauf einer einzigen Kontraktionswelle zugeordnet ist. Diese letztere Tatsache bildet zugleich die Grundlage für die Analyse der Kurven von Stromwellen, die bei der natürlich innervierten Kontraktion registriert wurden. Die Stromwellen des 50er Rhythmus müssen inbezug auf Wellenlänge und Amplitüde mit den doppelphasischen Aktionsströmen bei Einzelzuckung in Parallele gebracht werden, und es ist dies auch durchaus möglich. Damit ist der leitende Gesichtspunkt gewonnen, der der Analyse der Stromkurven zugrunde zu legen ist. Es ist nämlich durchaus notwendig, hier ständig im Auge zu behalten, daß der Ableitungsstrom durch Interferenz der den einzelnen Muskelfasern zugeordneten doppelphasischen Aktionsströme zustande kommt und daß man die Erscheinungen solcher Interferenz an alle Stromkurven in mannigfaltiger Weise feststellen kann. Man findet dann, daß die 50 Hauptwellen durch annähernd phasengleiche und daß die superponierten kleinen Zacken durch phasenverschiedene Interferenz der Fibrillenströme zustande kommen. Das ist eine Tatsache, die zwar schon aus der einfachen Betrachtung der Stromkurven direkt ersichtlich ist, die aber erst vollkommen klar wird durch den Vergleich der bei Willkürkontraktion erhaltenen Stromwellen mit denen, welche bei Einzelreizung des Nerven abgeleitet und als doppelphasische Aktionsströme registriert werden. Der Umfang, in dem das Interferenzprinzip bei der Kurvenanalyse zu verwerten ist, bestimmt sich dann durch die Abmessungen (Amplitüde und Länge) der bei Einzelzuckung registrierten Stromwellen. Ohne diese Überlegungen fehlt der leitende Gesichtspunkt, der die Auszählung der Hauptwelle als notwendig motiviert. Erst die durchgreifende und nach diesen Gesichtspunkten auch wieder beschränkte Anwendung des Interferenzprinzips für die Analyse der Kurve führt zu einer richtigen Bewertung der Haupt- und Nebenwellen, und zwar zur Bestimmung derjenigen Schwingungsfrequenz, die auf eine gleiche Zahl von funktionellen Oszillationen in jedem einzelnen Muskelelement schließen läßt.

Weder die Reizung mit hochfrequenten Stromstößen, noch der Kathodenschließungstetanus, noch die Reizung mit Zeitreizen, noch auch der Strychnintetanus sind eine künstliche Nachahmung der normal innervierten Kontraktion. In allen diesen Fällen fehlt der für die natürliche Kontraktion typische 50er Rhythmus, und demnach wissen wir, daß nach einem solchen Modus die natürliche Kontraktion sicher nicht bewirkt wird. Den 50er Rhythmus erhält man nur durch gleichfrequente Nervenreizung, und der Schluß ergibt sich von selbst, daß das Zentralnervensystem Innervationssalven von 50 Impulsen pro Sekunde zum Muskel schicken muß und somit die Zustandsänderungen im peripheren Erfolgsorgan dem Muskel direkt durch die Rhythmik seiner Einwirkungen bestimmt. Der 50er Rhythmus und die salvenmäßige Ordnung der Innervationsimpulse sind hierdurch als eigenartige Charakteristika für die Funktionsweise der nervösen motorischen Zentren und des Innervationsapparates erwiesen.

Umwelt und Innenwelt der Tiere. Von **J. von Uexküll,** Dr. med. h. c. 1909. Preis M. 7,—; in Leinwand gebunden Preis M. 8,—.

Die Nerven des Herzens. Ihre Anatomie und Physiologie. Von **E. von Cyon.** Übersetzt von **H. L. Heusner.** Neue, vom Verfasser vervollständigte Ausgabe, mit einer Vorrede für Kliniker und Ärzte. Mit 47 Textfiguren. 1907. Preis M. 9,—.

Die chemische Entwicklungserregung des tierischen Eies. (Künstliche Parthenogenese.) Von **Jacques Loeb.** Professor der Physiologie an der University of California in Berkeley. Mit 56 Textfiguren. 1909. Preis M. 9,—; in Leinwand gebunden Preis M. 10,—.

Uber das Wesen der formativen Reizung. Von **Jacques Loeb,** Professor der Physiologie an der University of California in Berkeley. Vortrag, gehalten auf dem XVI. Internationalen Medizinischen Kongreß in Budapest 1909. Preis M. 1,—.

Biochemie. Ein Lehrbuch für Mediziner, Zoologen und Botaniker. Von **Dr. F. Röhmann,** a. o. Professor an der Universität und Vorsteher der chemischen Abteilung des physiologischen Instituts zu Breslau. Mit 43 Textfiguren und 1 Tafel. 1908. In Leinwand gebunden Preis M. 20,—.

Der Harn sowie die übrigen Ausscheidungen und Körperflüssigkeiten von Mensch und Tier. Ihre Untersuchung und Zusammensetzung in normalem und pathologischem Zustande. Ein Handbuch für Ärzte, Chemiker und Pharmazeuten sowie zum Gebrauch an landwirtschaftlichen Versuchsstationen. Unter Mitarbeit hervorragender Fachmänner, herausgegeben von **Dr. Carl Neuberg,** Universitätsprofessor und Abteilungsvorsteher am Tierphysiologischen Institut der Königl. Landwirtschaftlichen Hochschule Berlin. Zwei Teile. Mit zahlreichen Textfiguren und Tabellen. 1911.
Preis M. 58,—; in 2 Halblederbände gebunden Preis M. 63,—.

Organische Synthese und Biologie. Von Geh.-Rat Professor **Dr. Emil Fischer,** Berlin. 1908. Preis M. 1,—.

Neuere Erfolge und Probleme der Chemie. Von Geh.-Rat Professor **Dr. Emil Fischer,** Berlin. 1911. Preis M. —,80.

Zu beziehen durch jede Buchhandlung.